西点军校给男孩最棒的礼物

进入西点军校的生活，让每个男孩都能成为一个杰出的人！

李昊轩◎著

WEST POINT'S BEST GIFTS FOR BOYS

中国商业出版社

图书在版编目（CIP）数据

西点军校给男孩最棒的礼物 / 李昊轩著 . —北京：中国商业出版社，2012. 11

ISBN 978 - 7 - 5044 - 7922 - 8

Ⅰ. ①西…　Ⅱ. ①李…　Ⅲ. ①男性—成功心理—青年读物 ②男性—成功心理—少年读物　Ⅳ. ①B848. 4 - 49

中国版本图书馆 CIP 数据核字（2012）第 260033 号

责任编辑：张振学

中国商业出版社出版发行
010 - 63180647　www. c - cbook. com
（100053　北京广安门内报国寺 1 号）
新华书店总店北京发行所经销
北京毅峰迅捷印刷有限公司
*
710 × 1000 毫米　16 开　16 印张　150 千字
2013 年 1 月第 1 版　2013 年 1 月第 1 次印刷
定价：32. 00 元
* * * *
（如有印装质量问题可更换）

前言

美国西点军事学院（The United States Military Academy at West Point），常被称为西点军校。西点军校是美国第一所军事学校，位于纽约州西点（哈德逊河西岸），是美国军队培养陆军初级军官的学校，在其200年的历程中，培养了众多叱咤世界风云的人物——包括3700多位将军、两届美国总统、四位五星上将，数以千计的世界500强董事长。多年来，西点的荣光照耀着哈德逊河岸，也照亮了无数年轻人的心。

本身毕业于西点，又曾任西点军校校长的美国五星上将麦克阿瑟说过一句话："我们需要的是战场上的狮子，由一头狮子带领的羊群能够战胜一只羊带领的群狮！"西点军校就是把羊训练成狮子的"野兽营"，这里经常可以看到打石膏、缠绷带的学员，而他们一旦走向社会就会成为军事、政治、商业、教育和科学等领域的精英人才。于是，"西点毕业生"成了"成功者"的代名词，也因此为美国的所有热血男孩所向往。

美国南北战争中的北方联邦军总司令格兰特、第二次世界大战中的太平洋盟军统帅麦克阿瑟、欧洲战场盟军总司令艾森豪威尔、第3集团军司令巴顿、第59任国务卿黑格、军火大王杜邦……西点军校的故事和事例不仅在学员中间流传，也是送给全世界男孩最棒的礼物。作为全球最懂得培养男子汉的摇篮，西点军校拥有独一无二的荣誉制

度、闻名世界的严纪与铁律，正是这些精神、制度、文化塑造了铮铮铁汉，让他们像忠诚上帝一样忠诚国家，像忠诚国家一样忠诚职业，像热爱生命一样热爱工作。

对于男孩来说，学习西点军人故事，沿袭他们的习惯与原则，将会使你成为别人眼中真正的小英雄、小绅士，成为世人眼里真正的男子汉。本书从荣誉、责任、忠诚、勇气、团队、纪律、训练、品德、风度、细节十个方面，深入探讨了西点精神的内核、西点文化的精髓，帮助男孩确立人生目标与信念，学会高效率地学习和做事，掌握应对挫折与磨砺的智慧，在完善人格、增加智慧的基础上实现心灵的成长。

最后需要指出的是，西点军校能够有今天的荣光与辉煌，绝不仅仅是靠严苛的训练、无情的铁律，作为一所学校，它是有灵魂的，那就是这所神圣殿堂一直倡导的三个原则："责任、荣誉、国家"。这三个神圣的名词庄严地为男孩指明了为人准则、道德标准和努力方向。这是西点的校训，也是它的灵魂。能够从本书中领略这几个字的要旨，相信对所有年轻人来说都是一种人生的福分。

目录

礼物5 团队——没有完美的个人，只有完美的团队

礼物6 纪律——拥有自制力的人才会成为强者

礼物 9　风度——胸襟的广度决定处世的高度

礼物 10　细节——把简单的事情做好就是不简单

礼物 1
荣誉——男人要努力追求卓越的人生

西点军校之所以充满活力、永葆青春，经久不衰，始终受到最多的关注，一个很重要的原因就是它坚持把荣誉教育贯穿于整个教育的始终。因此无论西点怎样发展，西点人都会铭记他们的校训：责任、荣誉、国家。

荣誉是西点军人的行为标志，是军事生涯的重要组成部分。通过成就创造荣誉，通过荣誉感取得更大成就，西点军校对此坚信不疑，始终把荣誉教育优先予以考虑。

1. 将团队荣誉永记于心

自从1802年创建以来，西点军校已经有200多年的历史了。它之所以充满活力、永葆青春，并持续得到世人的关注，一个很重要的原因就是它坚持把“荣誉教育”贯穿始终。无论西点怎样发展，西点人都铭记他们的校训：责任、荣誉、国家。

1962年5月2日，麦克阿瑟将军在西点军校发表了一篇激动人心的演讲，标题就是以校训命名的。他在演讲中说：

“今天早晨，我走出旅馆的时候，看门人问道：‘将军，您上哪儿去？’一听说我到西点时，他说：‘那是一个好地方，您从前去过吗？’这样的荣誉是没有人不深受感动的，长期以来，我从事这个职业；我又如此热爱这个民族；我无法用语言来表达我的感情。然而，这种奖赏主要的并非着重推崇个人，而是表现一个伟大的道德情操——捍卫这块可爱的土地上的文化与古老传统的那些人的行为与品质的准则……”

在麦克阿瑟看来，美国军人要坚持一种道德标准——热爱自己的国家，树立崇高的理想，唤起自豪感，并为之奋斗。“责任——荣誉——国家。这些神圣的名词尊严地指出您应该成为怎样的人，可能成为怎样的人，一定要成为怎样的人。它们是您振奋精神的起点；当您似乎丧失勇气时由此鼓起勇气；似乎没有理由相信时重建信念；当信心快要失去的时候，由此产生希望。”

荣誉是西点军人的行为标志，也是他们军事生涯的重要组成部分。通过成就创造荣誉，通过荣誉感取得更大成就，是西点军校关于“荣誉教育”的基本原则，每个教官对这一点都坚信不疑。

西点新学员一入学，就要首先接受长达16个小时的荣誉教育。教育主要用具体事例说明珍惜荣誉、争取荣誉、创造荣誉、保持荣誉的重要性和方式方法，以及荣誉感对一生的好处，让每个人树立荣誉至上的理念。

然后，每一位学员都必须熟记所有的军阶、徽章、肩章、奖章的样式和区别，记住它们所代表的意义和奖励，同时还必须记住皮革等军用物资的定义、西点会议厅有多少盏灯，甚至校园蓄水池的蓄水量有多少升等。这样的训练和要求，会在无形中培养学员的荣誉感，让每个人对荣誉形成具体的认识。

事实上，每个部队都有光辉的战斗历史，也有自己独特的军营文化。在这里，每个成员都要维护团队荣誉，为团队荣誉而战。

在美国所有部队里，海军陆战队是一个响当当的名字。新兵从第一天开始，就要接受严酷的军事训练，承受巨大的压力，不合格的人会被坚决淘汰。尼维尔·奥班纳是海军陆战队的第一位英雄，他带领部队赢得了1805年4月27日那场战争的胜利，得到了全体队员的钦佩。还有从二等兵升到中将的普勒，先后赢得了5枚海军十字勋章，他在一个管卡守卫了39年，最后老死在哨所，被视为“永远忠诚”的化身。

海军陆战队之所以如此优秀，是因为每个队员都能自始至终捍卫团队的荣誉。他们英勇善战、忠诚报国，其部队规模、结构和任务被写进了法律，这在美国所有部队中是唯一的。直到今天，海军陆战队依然是美国的王牌军，吸引着无数有志年轻人投身其中。

西点军校的目标是，不仅仅培养一名军人，而是培养美国社会的精英，因此它在办学过程中把荣誉教育放在了首位。一个人只有心怀国家荣誉、团队荣誉，才会有进取心、羞耻心，从而努力拼搏进取，在为荣誉而战中赢得成功。

无疑，男孩是社会的中坚和希望，更应该把国家荣誉、团队荣誉、家庭荣誉放在心里。通过努力奋斗，在捍卫团队荣誉的同时，也会树立自己的信誉，得到别人的尊重。

无论将来从事什么工作，在什么岗位上奋斗，一个人都不可能单打独斗，而要融入某个团队，成为其中的一分子。因为，树立团队荣誉第一的信念，更容易得到大家的认可，实现更大的作为。

一个优秀的团队，必然会有优秀的成员，这是团队荣誉的召唤。在生活和学习中培养荣誉观念，激发自己的荣誉感和责任感，可以化作强烈的内在动力，帮助我们更好地完成学业，取得不俗的成就。

西点启示录

对于军人来说，荣誉更胜于生命，任何有损军人荣誉的语言和行为都应该绝对禁止。同样，如果一个人对自己的岗位、工作有足够的荣誉感，始终珍视并维护团队荣耀，那么他必定会焕发出无比的热情和斗志，有更出色的表现。

2. 树立正确的价值观

西点是美军第一所军校，也是美国的第一所工程院校。作为一所理工科大学，文学、哲学、历史、心理学、经济、政治、法律、伦理学等被列为核心课程，这是为什么呢？教官解释说，所有这些课程都是为了培养美国文化观念和西点“责任、荣誉、国家”价值观。

马修·李奇微将军说：“西点军校一直是美国陆军高尚道德精神的无穷无尽的源泉，是陆军军官中的西点毕业生，把这种精神反复灌输给了全体军官军士。我认为，再没有什么别的东西可以代替这种道德力量。我们绝不能为了向某种低下的社会道德让步而放弃西点军校的荣誉道德准则。”

重视对学员的价值观培养，是基于西点的毕业生在将来的军旅生涯中要担任指挥陆军作战的领导职务而设计的。学员的价值取向，关系到部队战斗力的强弱，也影响到整个陆军的荣誉和信誉。让一个道德败坏的人去掌握军队，把保卫国家安全的军事力量交给一个在价值观上与之相左的人，那是一种灾难。因此，树立正确的价值观，是一个人能否胜任重要职务，以及有所作为的决定因素。

在西点教育管理的课堂上，教官会反复告诉学员誓死捍卫私有制、宪法、自由、民主，并将忠实地履行责任作为陆军军人的最高荣誉。学校利用掌握的一切资源，将价值观培育充分渗透到教学、管理、训练、日常生活的方方面面，让军人在不知不觉中接受。每个西点的管理者、教员、学员自觉传递西点的价值观，并以此作为自己的神圣使命，真正具备了受人尊敬的精英气质。

第二次世界大战期间，一支部队在森林中与敌人相遇，两名战士在激战中与部队失去了联系。他们互相鼓励、安慰，在森林中艰难跋涉。

过了十多天，他们仍然无法和部队联系上，身上的食物早就吃完了，面临着生死考验。后来，他们打死了一只鹿，靠着鹿肉又艰难度过了几天。不过，接下来的几天，他们再也没遇到任何其它动物，剩下的一点鹿肉成了两个人的救命稻草。

祸不单行，有一天他们又在森林中与敌人相遇，侥幸逃脱。当两个人到达安全地带时，只听一声枪响，走在前面的年轻战士中了一枪，后面的士兵惶恐地跑了过来，抱着战友的身体泪流不止。还好，只伤到了肩膀。

晚上，受伤的战士失眠了，他听到熟睡的战友一直念叨着母亲的名字。接下来的几天，他们都以为自己熬不过这一关了，尽管饥饿难忍，可是谁也没动仅够一个人吃的那块鹿肉。后来，部队救出了他们。

三十多年以后，那位受伤的战士说：“我知道谁开的那一枪，他就是我身后的战友。当他抱住我时，我碰到了他发热的枪管。当晚我才知道，他想独吞我身上的鹿肉，我也知道他想为了他的母亲而活下来。所以，我宽容了他，并没有提起此事。”

“他母亲还是没有等到他回家，就去世了。我和他一起祭奠了老人家。那一天，他跪下来，请求我原谅他，我没让他说下去。此后，我们又做了几十年的朋友，一直到老。”

在生死的边缘，受伤的战士没有苛责战友的非难，而是体谅到对方为母亲而活的选择。成功获救以后，他们没有敌视对方，仍旧做了几十年的好朋友，这种人性的光辉渗透出的是正确的价值观。即使是一个心胸非常宽广的人，也往往难以容忍别人对自己的恶意诽谤和伤害。但是有了正确价值观的引导，就容易以大度宽广的胸襟去包容一切，做出明智的选择。

男孩将来进入社会以后，会遇到许多复杂的关系、利益。做出正确的分析、判断和选择，离不开正确价值观的指导。只有在理念上符合社会价值标准、遵循国家法律规范、顺从人性伦理逻辑，才能担当使命、承担责任、得到认可，从而获得至上的荣誉。

西点启示录

用道德与荣誉制度约束军人，不仅严格要求自己的品行举止，还会自觉地监督身边人的言行，形成军人自主管理的良好氛围。从长远来看，众多西点毕业军人在不远的未来会担任陆军作战部队的领导职务，因此必须把军队指挥权交于品行端正、道德观正确的人手中，否则会酿成威胁国家和政权安全的战略危险。同理，在男孩子的成长起步阶段，能否树立正确的价值观决定了以后是否走对路，以及能够走多远。

3. 时刻不忘维护个人荣誉

西点的学员都把荣誉看得十分重要，“荣誉即吾命”更是成为每个人的座右铭。在这一信念指引下，一代代西点学员坚守着做人之本、立业之源，创造了一次次奇迹。

1972 年毕业于西点的杰夫·钱皮恩，曾经担任 Korn 公司总裁，他说过这样一段话：“做人与做生意一样，首先要讲究正直，而正直给你带来的荣誉也会让你得到更大的回报。”退役后，杰夫曾在一家机器公司当销售经理，业务发展得非常顺利。

有一天，他突然发现他所卖的机器比其它公司的同性能机器贵了一些，心想：“如果顾客知道了，一定以为我在欺骗他们，会对我的信誉产生怀疑。”于是，他立即带着合约书和订单，逐家拜访客户，如实地向客户说明情况，并请客户重新选择。

这一举动让每个客户都很受感动，结果给杰夫带来了良好的荣誉，大家都认为他是一个值得信赖的正直的人。结果，原来的客户中没有一个人解除合约，反而有更多的人选择与他合作，得到了更多发展机会。这就是维护个人信誉的回报。

追求个人荣誉的人，会时刻严格要求自己，为了客户的困难积极奋进，做得比他人要求的更好。荣誉的感召力量，由此可见一斑。

陆军的菲尔将军说：“在西点军校，荣誉制度是非常重要的，我认为，这一荣誉制度是西点军校不同于其它学校的关键所在。我非常珍惜这一制度，如果我们去掉它，我宁愿从后备军官训练团和候补军官学校接收陆军军官，而把西点军校忘掉。这就是荣誉制度的重要性。”

西点军校教育学员，人生的目的不是薪酬，而是个人的能力提升，是个人价值的体现，是个人荣誉的获得。为了荣誉，有时候必须牺牲一部分个人利益，但是从长远来看这种做法会获得更大的回报。

维多利亚·柯罗娜的丈夫曾经宣誓效忠西班牙王室，后来意大利诸王侯劝说他离开西班牙，这让他非常犹豫。毕竟，他曾经发表过誓言，不能轻易反悔。

正在纠结的时候，维多利亚·柯罗娜给丈夫写了一封信，她说：“牢记你的荣誉，正因为有了它，你才高过国王。拥有这种荣誉，便是拥有了真正的辉煌，而完全无需任何头衔的点缀。如果这种辉煌能够不受任何玷污传给子孙后代，你会真正感到幸福和光荣。”

丈夫听从维多利亚·柯罗娜的建议，坚守自己的誓言，得到了西班牙王室的厚待，并成为一代公爵。

荣誉不仅是军人的奋斗目标，也是每个人生命里必需的阳光和雨露。没有荣誉的人生，是黑漆漆的，无声无息的。所以，英国诗人拜伦有两句诗写道：“情愿把光荣加冕在一天，不情愿无声无息地过一世！”

在这个世界上，男孩子注定要承担更多的责任，担当更大的使命。因此，追求个人荣誉，有清晰的奋斗目标，显得尤为重要。在是非、善恶面前，有羞耻感，是一种个人荣誉；个人要服从集体，集体要服从团队，是一种个人荣誉；有强烈的主人翁意识，全心投入到工作中去，积极奉献，也是一种荣誉。

把个人荣誉看做生命的人，会时刻不忘维护荣誉，与一切困难、旧势力战斗到底。努力追求个人荣誉的人，在学习阶段会获得积极奋进的力量，在为人处事中会牢记行事准则，永远是向前奋进的人。

西点启示录

荣誉肩挑着责任和进取。任何永恒的卓越都离不开荣誉成分，荣誉是卓越的保鲜剂。一名优秀的青年应该在荣誉心的带领下拥有积极、健康、良好的个人德行和品格，并学会控制自己的感情，从而取得他人的尊敬。

4. 不撒谎，不欺骗，不行窃

在西点军校，有一条著名的“荣誉准则”，让每个人都感到自豪，这就是“每个学员决不撒谎、欺骗或盗窃，也决不容忍其它人这样做”。按照这个标准，从西点走出去的不仅是一名军人，更是能为社会作出巨大贡献的精英，人人都以西点为荣。

一天晚上，1966届某个新学员厌倦了单调的生活，跑去参加另一个学员的宗教团体晚会。当时，他不知道按照章程规定可以参加这个聚会，还在缺席卡上填了“批准缺席”。晚会结束后，他回到宿舍，觉得自己的所做所为有些不妥，于是便向学员荣誉代表坦白交代了。

但问题还是出现了，虽然这位学员的行为一点也没有违反校规，但荣誉委员会认为他有违反荣誉准则的动机，因而被判定有错。结果，第二天他就被开除了。

还有一件事，1977年，西点发生了100多名学员考试作弊的丑闻。学校采取断然措施，将这些学生全部开除，以儆效尤。规章制度明确，执行规定严格，学员所受教育深刻，这就是西点。

另外，西点1987届毕业生约翰·克里斯劳，也就是后来的Compass 集团总裁，曾回忆了这样一段往事，“我以前的一个室友违反了荣誉准则。当他把所做的事告诉我时，我并没有网开一面，而是告发了他。这并不是由于我不在乎他；我深深地关心他。但我知道，与他被给予第二次机会相比，原则更为重要。我当时 18 岁，我知道我首要的责任是坚守荣誉的原则。”

从西点走出来的陆军部长牛顿·贝克曾说：“士兵的不诚实就是拿自己伙伴们的生命和政府的荣誉开玩笑。”对士兵来说，诚实已成为一种绝对的需要，也是西点学员必须养成的一种优秀品格，即毫不含糊、不打折扣、绝对忠诚可靠的性格。

（1）不撒谎

撒谎是最大的罪恶，这是西点人的共识。1985 年，西点军校颁发了一个文件，对“撒谎问题”作出了规定：

“学员的每句话都应当是确切无疑的。他们的口头或书面陈述必须保持真实性。故意欺骗或哄骗的口头或书面陈述都是违背‘荣誉准则’的。信誉与诚实紧密相关，学员必须获得信誉。只有通过准确无误的口头或书面陈述，才能获得荣誉。”

诚实是做人的基本品德，是一切德性的基础。一个人连诚实都做不到，其它的品德都谈不上了。西点军校把“不撒谎”放在第一位，正是为了维护做人的根基。在团队里，在社会中，每个人都要对自己的行为负责，为自己所说的每句话负责，只有做人做事客观、准确、无误，才能赢得信任，获得荣誉。

（2）不欺骗

在西点人看来，如果学生为自身利益采取欺骗行为，或帮别人这样做以期获得不正当的利益，就是以欺骗方式违反了荣誉准则，必须引以为戒。

比如，学员在论文、报告和设计中常使用别人的某些观点、语言、资料和成果，而且，在准备修改、编辑、整理、纠正、校对以及检查作业时，也常得到别人帮助。另外，学员必须清楚、明确地注明作业中哪些部分不是自己独立完成的，特别要明确指出材料全部来源和各种接受援助方式。受其启发而产生新的思路或观点的材料，学员也要注明。学员如果无意中看了别人的作业，尤其是评分作业，必须把情况向教员说明。

一个人不可能在同一个时间欺骗所有的人，也不可能在所有的时间欺骗同一个人。所以，把自己看得比别人更聪明，这只能是一种自欺欺人的伎俩。欺骗可以使我们一时得逞，但是事情败露后会承受更大的损失。

（3）不盗窃

盗窃是可耻的事情。在西点军校，如果学员从物品所有者或者他人那里，通过各种手段，非法地拿到、得到或者留用他人钱物以及任何有价值的东西，而且有意长久地据为己有，或者给别人使用，就属于盗窃，违反了“荣誉准则”。

在西点军营里，严密生活环境和学员彼此间形成的信誉，是学员生活中不可改变的两个方面。荣誉准则和制度培养了友谊和信任，保证了严密的军营中门不上锁，学员不用担心自己的财产被偷走。学员在借东西前，必须得到主人的同意。随意借东西将按学员纪律制度进行调查。如果没有及时归还物品，将被视作偷窃行为处理。

西点启示录

诚实守信，是西点不容任何违背和挑衅的荣誉。或许许多人认为，这样严格的荣誉制度只适合于军队，其实这适用于组织。比如，在企业里，培养每个员工的信誉意识，以荣誉准则来约束所有企业成员的行为，同样是十分重要且有效的。

5．守信会得到最大的回报

用兵打仗关系到千百万人的生死，团队成员具备以大局为重、诚实守信的品德，才能担当自己的使命，在战斗中克敌制胜。

牛顿·贝克将军在第一次世界大战期间担任美军陆军部长，他坚持言出必行、信守诺言："在处理日常事情时，有些人也许因为工作的不精确，甚至不真实，受到同事的不敬重，或者受到法律起诉而烦恼。但是，作为一名军官，如果他的工作不精确、不真实，即是在玩弄他伙伴的性命，损害政府的荣誉。"

西点军校的目标是培养优秀军官，一个核心的标准是说到做到、执行到位。西点人认为，优秀执行者都是坚持承诺、兑现承诺、讲求诚信的人！守信，是军人的一种荣誉和责任。有信用的人，在团队里才会得到尊重和承认。

在严密的军营里，学员之间彼此形成信任关系。荣誉准则不但是公认的行为规则，也是大家协作一致的根本保证。不难想象，如果团队成员之间没有信任和默契，任何事都无法开展。从人际相处的角度看，守信是对他人的尊重，如果利用这种互信作出违背契约精神的事情，那是令人不齿的。而这样做的后果是，你不但会失去眼前的一切，还会丧失一生的名声。

一天傍晚，百事可乐公司的总裁卡尔·威勒欧普走到楼下，准备陪女儿过生日。这时候，他接到了市长的电话，被邀请参加一个重要的晚宴。结果，卡尔毫不犹豫地谢绝了："很抱歉，我已经答应女儿

晚上陪她过生日，我不想做一个失约的父亲。”

接着，卡尔给女儿买了生日礼物，驱车直奔市中心新开业的游乐园。原来，妻子与女儿已经等了好久了。为了度过一个开心的夜晚，卡尔和妻子都关了手机，全身心地享受这个美妙的节日。

一家人正在兴头上，助理急匆匆地赶来了。他把卡尔叫到旁边，神色紧张地说：“有一个非常重要的客户，很想在今天晚上与您见面，商量上次那个合同。”卡尔面露难色，无奈地对助理说：“我已经答应了女儿，今天整个晚上都陪在她身边。麻烦你帮我谢绝客户吧”。

助理坚持让卡尔去见这个重要的客户，而且对方对公司接下来的发展的确不容忽视。一边是玩得开心的女儿，另一边是等待约见的重要客户。卡尔犹豫了一下，仍然决定留下来陪女儿，并告诉助理跟客户约好时间，到时亲自登门拜访。

第二天，卡尔上班做的第一件事，就是打电话向那位客户道歉。出乎意料的是，客户非但没有生气，反而由衷地赞叹道：“卡尔先生，其实我要感谢您啊，是您用行动让我真切地记住了什么叫做一诺千金，我明白百事可乐公司兴旺发达的真正原因了。”接下来，卡尔和这位客户成了非常亲密的合作伙伴，两个人维持了长久的合作与信任关系，也让彼此的生意红红火火。

无论战场上、商场上，还是生活中，一旦做出了承诺就要坚守到底。诚实守信，是做人的基本原则，没有一诺千金就没有正直忠诚的道德品质，很难有大的作为。西点一再强调，坚定地履行诺言是很困难的，但实践了诺言的回报是丰厚的。军官对真实的陈述容易被人接受，他们的意见受到尊重，被认为诚恳可信，还可以得到各行各业头面人物的承认，可以说终生受益。

比如，接受别人交给的任务时，你就已经给出了一个承诺，就是完成任务。答应别人一个小小的要求时，也是作出了承诺，如果不完成就是对自己信誉的损失。只要作出了承诺，就必须坚决兑现，否则也不能得到信任。

一个讲诚信的人，走到哪里都是不吃亏的，在交友上他能获得朋友的信任，在经济上，他能获得上司的奖赏，在学习上获得优异的成绩，他无论在哪里，别人都会给他们一个信任的眼神。作出承诺，就要坚决去实现承诺，虽然这个过程要承受各种困难，但是这份付出会让你有丰厚的回报。

西点启示录

诚实是西点荣誉制度的核心内容。在西点军校，虽然有过几次大规模的改革，但是基本上都没有触动西点的荣誉制度和荣誉准则，因为这些制度和准则是保证言行如一，诺言得到履行的有效方式。

6. 祖国胜于一切

“国家”这两个字，在西点校训中占有重要位置，其主旨是唤起西点学员为国家利益和民族理想服务的献身精神。

美国总统肯尼迪有一句名言，“不要问国家给了你什么，问问你自己，你给了国家什么”。每个西点人都把这句话牢记在心里。新生入学的时候，都要参加一个宣誓仪式，“为了保卫我们的国家和生活方式，准备献出生命”。

在西点军校，对国旗的尊重和敬畏是很多院校目前都做不到的。

升国旗时，在室内，除向上级报告时外，应保持立正姿势，不得嬉笑。在室外，穿军装时应行举手礼，穿便衣时应将右手放在胸前。举行仪式时，正在行驶的车辆要停下来，乘客和司机应下车并表示适当的礼节。参加仪式时，女军人可以不取下头饰，但必须表现出庄重的神情。

一个外国军人到西点军校游览，遇到了降国旗的情景，感慨万千。后来，他这样描述自己的所见所闻：

“一天，我和家人、朋友到西点军校游览。黄昏，西点军校的学员组织了一场露天演奏会，游客们一起坐在舞台前碧绿的草地上，静待晚会开场。正在这时，突然传来一阵嘹亮的军号。降国旗的时候到了，几乎与此同时，一个使我十分难忘的场面出现了，在场的所有美国人，不管男女老幼一齐站起来，面向国旗，肃然而立。整个院内鸦雀无声。顿时我感到非常激动。

“尽管我是外国人，这种此时无声胜有声的情景，使我不由地也站起来，沉浸在一种沸腾的情绪中。没有讲解，没有宣传，可是人人都感到了这个民族的力量，这是精神的力量。当时我很尴尬，是站着，还是坐着？后来想，我不是美国人，又坐了下来。虽然坐下了，但还是想着再站起来，不是为星条旗，而是为了这个民族，这样的民族是优秀的民族，我应该站起来表示对他们的尊敬。”

祖国胜于一切，这是西点军校培养学员的最高要求和终极目标，是西点军校办校基本方针的最本质体现。西点人无时无刻不在等待报效祖国的机会，也无时无刻不在为这个机会的到来而准备。当美国爆发战争时，特别是在第一、二次世界大战中，西点学员不仅提前毕业奔赴战场，而且教员也放下了教鞭，为了国家利益不惜献出生命。

一个民族，一个国家，它的稳定、繁荣和发展凭借什么？就是凭万众一心的民族凝聚力，而这种凝聚力又来自爱国的情怀。

美国尽管仅有200年的历史，但学校十分注重挖掘自己国家独特文化传统，并把这种传统教育渗透到全部学校教育活动当中，使孩子从小就意识到作为一个美国人的自豪。美国学校还善于创造和利用独特的精神氛围来感化学生，参观历史遗迹，博物馆和参加各种社会活动，都成为爱国主义教育的良好形式。

男孩子将来要承担家庭的责任，成为社会和国家的栋梁，因此拥有爱家爱国的情怀是必不可少的。把祖国利益放在第一位，这样的人才会心有归属，让生命闪耀灿烂的光辉。

西点启示录

作为一名军人，保卫祖国，效忠祖国是他们义不容辞的责任。到国家需要的地方去，充分体现了对国家的情感深远而执着。西点学员即使将来某一天告别了军旅生涯，也会时刻铭记忠诚于国家的信念，在国家需要的地方奉献一生。

7. 追求卓越，永无止境

追求卓越，永无止境，是西点人的坚定信念。他们的宗旨是：只要你永远渴望进步，向往更高、更快、更好，机会将永远伴随着你。

在西点，每位学员深知，全力以赴、精益求精的精神对人的一生的影响是难以估量的。平庸和优异、一般和最好之间存在着很大的差别。对自己所做的事精益求精，持之以恒，不仅可以出色地完成任务，而且还可以在这个过程中让自己变得优秀、走向卓越。

戴维·布瑞纳出身于一个贫困，但很和睦的家庭。中学毕业的时候，许多同学都得到了新衣服，甚至有些富家子弟得到了新汽车。当戴维跑回家，问父亲他能得到什么礼物的时候，父亲从上衣口袋里拿出一枚硬币，轻轻放在他的手上。

父亲对他说："别人送给你的任何东西都是有限的，只有你自己才能赚下一个无限的世界。用这枚硬币买一张报纸，一字不漏地读一遍，然后翻到分类广告栏，自己找个工作。到这个世界去闯一闯，它现在已经属于你了。"

一直以来，戴维认为这是父亲开的一个天大的玩笑。几年后，他去部队服役，有一天坐在散兵坑道里认真回首自己的家庭和生活时，才意识到父亲给了自己世界上最好的礼物。别人所给予的永远都不会属于你自己，一个想要成功的人，不应满足于送入笼中的食物，而应该努力掌握自己捕猎的技能，找寻开启这个世界的钥匙。

从那一天开始，戴维也意识到，没有什么可以阻挡你，只要你壮志不已，拥有一颗追求卓越的心，并把理想人生作为最高的荣誉。

西点人做事勇于坚持，追求更好，善始善终。在他们内心深处有一个衡量的标准——当他们完成了一项工作的时候，他们会受到良知的赞扬："好样的，一项完美的工作"；当他们半途而废、敷衍了事的时候，就会受到良知的谴责："懒惰，懒惰，不思进取"。

在做事之初就下定决心，一定要出色地完成每一件事，决不半途而废。有了这个决心，你就会全身心地投入其中，向着更高的目标努力，直到成功那一刻来临。男孩子做事，最忌讳没有定力，放弃对自己的严格要求。这是成功的大敌。

有两个孩子，都非常喜欢画画。第一个孩子的妈妈拿来一叠纸和一支笔，然后说：“你的每一幅画，我都挂在墙上，让客人观看。”第二个孩子的妈妈也拿来一叠纸和一支笔，但是还有一个废纸篓，对孩子说：“你画的画，只保留你认为最好的那一张，其它的都扔到废纸篓里去。”

过了两年，第一个孩子举办了自己的画展。满墙的画中规中矩，构图完整，色彩和谐，人人都称赞不已。第二个孩子没法办画展——所有的画都已扔掉，只剩下手边尚未完成的那一张。

过了二十年，第一个孩子和他的名字逐渐被人们淡忘了，因为他的画作平淡无奇，并且不断有新的年轻画家涌现出来。第二个孩子凭借令人惊叹的画作横空出世、一鸣惊人，成为享誉世界的大师。

懂得终生奋斗的人，决不会满意于目前的成就，也不会因为他人的夸奖而沾沾自喜。他们总是不停地向前迈进，在他们的眼中，下一次的努力永远都可能创造更高的成就。

西点军校之所以训练学员至善至美的精神，目的是让每个人具备一种宁静致远的气质，坚定的信念。因而，西点的军人们勇敢无畏，坦诚直面这个世界。他们胸有成竹，控制自我，临危不乱；他们追求卓越，奋斗不息，凡事都尽心竭力。

当一个人把一件事情做得尽可能完善而激动不已的时候，当一个人安静地欣赏着自己所做的一切而心满意足的时候，这是一种真正的永远的快乐，一种真正的成功。反过来，这种成功感可以促使人的各种才能得到充分的发挥，这也是西点的优秀学员孜孜以求的目标。

作为一个普通人，尽管没有受到如同西点学员那般严格的训练，但是我们不能放弃对自己的严格要求，更不能处事马马虎虎。男孩子失去了向着更高目标奋进的追求，追求卓越的心就会枯萎，自我谴责的良知就会慢慢泯灭。很快，心灵会变得麻木，以至于有一天我们会

突然发现，自己养成了做事懈怠、混日子的习惯。这对一个人会产生毁灭性的打击。

西点启示录

每一个西点毕业的学生都明白，西点讲究团结，同时也强调个人的奋斗。在这里，没有为自己荣誉而奋斗的理念，就不可能赢得个人荣誉！好兵的眼中“只有第一”，求胜心是登上巅峰最有力的保证，更是男孩走向卓越的利器。成功始于觉醒，心态决定命运，永远保持一种求知心切、积极向上的心态，才会不断有奋进的人生。

礼物 2

责任——勇于负责可以改变一切

西点军校第十五条军规这样写道:“学员不论在什么时候,穿军服与否;在西点内还是外,不论是担任值勤或宿舍值班员,都有义务、有责任履行自己的职责,而这出发点不是为了获得奖赏或逃避惩罚,是出自内在的责任感。”

在西点,“不容忍”条款是每个学员必须牢记在心的,见到其他学员违反条例的行为,必须在规定时间内及时上报,否则将被视为以容忍的方式违背原则,必会受到牵连接受处罚。这项条款时时提醒学员要承担起神圣的职责。

1. 男人必须有所担当

每年春天，西点军校会有1000多学员毕业，他们被授予学士学位，并作为中尉在陆军部队中服役。中间经过6周的休整，这些学员被派往亚洲、欧洲和非洲等地。到达目的地以后，担当起第一份军官职务。

一个国家把在编部队的安全交付给了年仅21岁的年轻军人，而他们要负责看管、部署大规模杀伤性武器，维持当地和平并应对突发战事。这对大多数人来说都是无法接受的事实。但是，西点军人一旦毕业，毫无疑问可以胜任这些工作。

事实上，年轻的西点学员从踏进校园的那一刻开始，就准备着承担责任、面对挑战、在压力下决策，并追求自己确立的目标，迎接可能出现的各种挑战。确切地说，西点军校培养的就是能够勇于担当、能够胜任的优秀青年。

有人说，西点军校是一座工厂，其产品是管理者。200多年来，它为各行各业培养了大批具备管理才华的精英，成为全美最有效的高级管理人才开发学院。当然，西点军校是专门向军队输送人才的。作为回报，毕业生被要求至少在陆军服务5年。此后，有的人会转入政府、教育等部门，更多人选择进入商界，在这里大展身手。

无论在部队，还是在政府部门，或者在商界，西点毕业生都是担当重责的好手。这来源于西点军校对他们的用心栽培。在西点军校，一个学员绝对不能对自己的长官说“办不到”，因为说“办不到”的学员不是个合格的学员。

有一次，一位员工向彭皮尔请假，因为他要跟随网球队到外地比赛。

于是，彭皮尔问他："你是自愿，还是不得不去？"

"我真的没办法不去，这件事对我来说很重要。"

"想一想，不去会有什么后果？"

"他们会把我从校队中剔除。"

"哦，你希望有这种结果吗？"

"当然不希望。"

"换句话说，你为了想待在校队所以要请假，可是耽误了你的工作，后果又如何呢？"

"这个问题我还没考虑清楚。"

"仔细想一想，耽误了你的工作会有什么样后果？"

"你不会开除我吧？"

"是否开除你，我觉得这是次要的，就像你加入网球队是为了能打球，而不是担心会从校队中剔除。耽误了你的工作会有什么后果？"

"我想，大概是失去工作的机会。"

"不错，所以你必须两相权衡，做个决定。我知道，换了我，也会选择网球队，但请决不要说你是被迫这么做。"

最后，这个员工当然还是参加比赛了，但是他经过了慎重的考虑，并勇敢面对失去工作这件事，承担了相应的后果。

西点人也是这样，无论你做什么，做出什么选择，一定要想清楚，并勇敢面对相应的结果。应该是自己承担的责任，一定要主动担当，不要逃避，更不能给自己找出各种借口。敢作敢当，是男子汉应有的风度。

"人"这个字，写起来简单，但当起来很重。父母、爱人、孩子、朋友，哪一样割舍得下？有的时候人活着不能只是想着自己，不能自己想做什么就做什么，想要什么就有什么。对此，西点军校前校长丹尼尔·W·克里斯曼中将说：“处于现今这个时代，如果说‘办不到’，你将经常站在失败的一边。”

（1）做好自己该做的事情

男子汉勇于负责的首要一点，是扮演好自己的角色，做好自己该做的事情。比如，在学校里，根本任务就是学习，因此必须全身心投入学习，尽力而为。再比如，答应别人的事情，一定要做到，不能完成的时候要主动说明。这样才是主动担当的表现。

（2）必须对周围的人负责

每个人都生活在一个群体里，与周围的人存在着各种关系。说话办事的时候，不能只考虑自己的想法和感受，还要想到别人的利益、意见，尽到自己该做的义务。

（3）失误的时候不能推卸责任

再厉害的人也不可能一辈子没有失误，失误没有什么，关键是你怎么看待自己的失误。智慧的人不仅努力工作，而且勇于负责。人们最看不起，也最不喜欢的是那些在碰到问题或需要承担责任时，总是千方百计寻找借口，推脱自己的责任。这样的人没有威信，也不会得到他人的信任和尊敬。

西点启示录

西点人对待自己的任务或工作的那种强烈的责任感是一种无价之宝。责任感是一种使命，没有了责任，一切都只是空谈。从这个意义上来说，责任比能力更重要。勇于担当的人，显然更能成大事。

2．一旦承诺就要负责到底

应该如何理解责任，学会承担责任？不同的人会有不同的理解。在西点军校，学员总是这样回答教官：“是，长官，保证完成任务！”当一个学员说完这句话的时候，他作出了承诺，有完成这项任务的责任了。

西点军校坚信，没有责任感的学员不是合格的学员，没有责任感的公民不是好公民。责任感，对自己、对国家、对社会、对民族，任何时候都不可或缺。司令官要为学员树立榜样，要为下级的行动负责，甚至还有更多的责任。学员、下级也要以相同的责任意识和行动回报长官，答应完成的事情必须做到。

在混乱的战场上，士兵不能严格遵从具体的作战方法，他们依靠自己的预见能力和独立判断力，机动灵活地应对各种突发情况。他们唯一需要牢记的是，一旦接受了长官的命令，就要千方百计完成任务，实现自己的承诺。

珍妮在一家大公司办公室从事打字工作。一天，同事们出去吃饭了，这时，一个董事走进来，想找一些信件。

这并不是珍妮分内的工作，但是她依然回答道：“对此信我一无所知，但是，董事先生，让我来帮助您处理这件事情吧！我会尽快找到这封信并将它放在你的办公室里。”

后来，珍妮花了好长时间，才找到那位董事需要的信件。当她把信件放到董事面前时，这位领导显得格外高兴。事情到这里并没有结束。四个星期后，珍妮被分派到一个更重要的部门工作，并且薪水提高了30%。

原来，在一次公司管理会上，有一个更高职位的工作空缺，那位董事首先想到了负责的珍妮，并推荐了她。

尽管不在自己的职责范围内，但是珍妮仍然主动帮助董事；她既然作出了帮忙的承诺，哪怕付出再多的时间，也负责到底。这就是责任意识，是一个人值得信赖和托付重任的可贵品质。

责任是对人生义务的勇敢担当，责任也是对生活的积极接受，责任还是对自己所负使命的忠诚和信守。一个充满责任感的人，一个勇于承担责任的人，会因为这份承担而让生命更有力量。

世界上很少有回报丰厚，却不需要承担任何责任的便宜事。想要一时不负责任当然有可能，但要免除世间所有责任肯定会付出巨大的代价。尤其是当你作出了承诺以后，必须负责到底，才有信誉可言。否则，你会失去伴随责任而来的机会！

在男孩子的必备品质中，最重要的一点就是一诺千金。信守诺言是一种人们在立身处世、待人接物必须具有的态度和行为品质，是社会最普遍也是最基本的伦理价值需要。

在西点的课堂上，教官一刻也不松懈对学员责任的灌输。许多从西点走出来的大人物都对西点赋予学员的责任感赞赏不已，不少人还提到国家利益的高度对此加以肯定。

社会学家戴维斯说："自己放弃了对社会的责任，就意味着放弃了自身在这个社会中更好生存的机会。"放弃承担责任，或者蔑视自身的责任，这就等于在可以自由通行的路上自设路障，摔跤绊倒的也只能是自己。

"那不是我的工作"、"我现在很忙"、"我不知道该如何帮你"、"这件事我们现在办不了"等等，无不是推卸责任的表现。如果你答应了别人，如果你作出了承诺，无论面对怎样的苦难，都应该付出最大努力，实现自己的诺言，坚守责任信条。

西点启示录

西点69届毕业生Sybase软件公司总裁马克·霍夫曼："对西点军人来说，对上司布置的任何任务，无论有多大困难，甚至牺牲自己的生命，但他们的回答只有一个'是的，长官'。"这提醒我们，做人应当以诚信为本。没有一诺千金，没有正直忠诚的道德勇气，很难有非凡的事业。坚定地履行自己的诺言是很困难的，但是实践了诺言，你会得到丰厚的回报。

3. 借口的实质是推卸责任

西点军校对"责任"十分重视，绝对不允许以任何借口推脱责任。我们从西点对学员有关不准找借口的规定，就可以领会到责任的重要性。

在这所军校，专门设置了"缺席卡"。它简化了外出登记簿上签名的手续，当学员在缺席卡上打记号或指定别人打记号时，就等于这个学员做正式声明：在此时间内，我将缺席。这张卡片有效记录了学员的踪迹，无意超过时间限制的学员必须尽早向上级报告特殊情况，否则，即使你有再多借口，也会被当作不负责任惩处。

当然，西点对于违反守则的行为，会给予最严厉的处罚。表面上看，这是为了捍卫学校规章制度的权威，实际上这是为了教育学员，以后千万不要再犯同样的错误。

西点军校的莱瑞·杜瑞松上校在第一次赴外地服役的时候，有一天连长派他到营部去，交代给他7件任务：要去见一些人，要请示上级一些事，还有些东西要申请，包括地图和醋酸盐（当时醋酸盐严重缺货）。杜瑞松下定决心把7件任务都完成，虽然他并没有把握。

果然，事情没有想象中的那么顺利，问题就出在醋酸盐上。他滔滔不绝地向负责补给的中士说明理由，希望他能从仅有的存货中拨出一点，但是对方表示无法提供货源。于是，杜瑞松一直缠着他，到最后不知道是被杜瑞松说服了，还是再没有其它办法能够摆脱杜瑞松了，中士终于给了杜瑞松一些醋酸盐。

回到营部，杜瑞松把醋酸盐交到连长手里，对方大吃一惊。他本来对这件事不报太大希望，根本没想到杜瑞松在短时间里完成了7件任务。换句话说，即使杜瑞松不能完成任务，也是可以找到借口的。但是杜瑞松根本就没有想去找借口，正是由于心里没有推脱责任的念头，所以他才把不可能变成了现实，让连长刮目相看。

一个人的成败与他的责任心有很大关系。也许有的年轻人会说："这件事本来就不关我的事"，"我只不过是不小心才搞成这样"，等等。

其实，利用借口逃避责任，最大的受害方，并不是你身边的人，而恰恰是你自己。因为当你找到借口以后，当你自认为逃避了责任的时候，你已经失去了改正的机会，也在他人的心中留下了不良的印象。

那么，在日常生活中，年轻人找借口主要有哪些情况呢？我们应该如何保持惊醒的态度，提防这种情况发生呢？

◎我开始就没答应做这个事情，所以出了问题不是我的责任（这是不愿承担责任的表现，这时候应该反省一下自己是否答应过别人，如果确实答应了必须信守诺言）。

◎这几天我很忙，我尽量吧（这是拖延的表现，或者是在推脱而不愿意直接说出口。有时候，如果自己确实不能做到，就直接说出来，这样反而让自己更轻松，也不会耽误他人的进度）。

◎我以前从没那么做过，或这不是我们这里的做事方式（这是以自我为中心的表达方式。显然，你缺乏创新精神，还在固守着原来的旧思路，这其实是对自己不负责）。

◎我从来就没想过要赶上竞争对手，在许多方面他都超出我一大截（这是一种悲观的态度，面对任何事情都缺乏信心。长此以往，会让自己失去斗志）。

不愿承担责任，拖延，缺乏创新精神，不称职，缺少责任感，悲观态度，这些都是隐藏在看似冠冕堂皇的借口背后的可怕的东西。而这对男孩责任心的建立，以及进取精神的培养都是非常有害的。

其实，做事的“难”与“易”都是相对的，如果你能尽最大努力去完成任务，就不会再去挖空心思找借口了。但你如果只想得过且过，随便都可以找到借口来搪塞责任。做不好一件事情，完不成一项任务，会有很多的借口在那儿响应你、声援你、支持你，你很容易学会抱怨、推诿、迁怒、甚至愤世嫉俗，最终难有大的作为。

借口就是一张敷衍别人、原谅自己的“挡箭牌”，就是一副掩饰弱点、推卸责任的“万能器”。有多少人把宝贵的时间和精力放在了如何寻找一个合适的借口上，而忘记了自己的职责啊！

1890届西点毕业生、西点军校前校长弗雷德·W·斯莱登：“不愿承担责任，喜欢拖延，缺乏创新精神，缺少责任感，态度悲观，这是西点军校的学员必须远离的东西。”如果你不想赢得大家的信赖和尊重，并有所成就，请像西点学员一样学会拒绝借口，勇于承担责任吧！

西点启示录

喜欢辩解、找借口的人，永远不受欢迎。你无法改变别人，但是可以改变自己。从现在开始，无论遇到怎样的艰难，放弃“我以为、我猜、我想、大概是”这些托辞，勇敢承担责任，你会发现事情没有你想象的那么难。

4. 坚持100%的合格率

在西点军校，追求极致完美从来都受到重视。他们认为，这体现了一个人的主动性和进取心。这个世界上没有做不好的事情，只有不负责任的人。因此，无论处于什么岗位，无论做什么事情，都应该以认真的态度做事，拒绝任何瑕疵。

进取心的高低往往影响学员在训练时的表现。西点教官发现，那些缺乏进取心的学员，能完成任务，但并没有大多亮点；而进取心强的学员，不仅能把事情做好，还会尽自己的最大能力把事情做得更好。"我能把事情做得更好"，具备这种态度的人，显然会取得最大的成功。

在一次登月行动中，美国的飞船已经到达月球却无法着陆，最终以失败而告终。事后，科学家们在查找原因时发现，是一节价值仅30美元的电池出了问题。这是怎么回事呢？

原来，起飞之前，工程人员在做检查工作时只重点检查了"关键部位"，却把电池给忽略了。结果，一节30美元的电池让几十亿美元的投资和科学家们的全部心血付诸东流。

品质上的瑕疵，会让巨额的投资化为乌有，这种教训太深刻了，代价也太大了。由此可见，做事不分大小，不能对可能存在的小错掉以轻心，如果不严格要求自己，抱有侥幸心理，将来某一天肯定要吃大亏。

做任何事情，都有一个基本的标准，务必要确保品质令人满意，否则你就无法摆脱他人的责问，陷入殚精竭虑的不安中，乃至最后失去了信誉。

西点著名学子格兰特将军说："自动自发就是主动精神，所谓的主动，指的是随时准备把握机会，展现超乎他人要求的积极表现，以及拥有‘为了完成任务，必要时不惜打破常规’的智慧和判断力。”男孩子想要担当重任，必须敢于突破平庸、努力追求完美，尽职尽责地做好分内之事，并比他人要求的做得更好。

研究那些成功人士可以发现，他们之所以能够创造辉煌的业绩，很重要的一点是对自己有着极高的要求，尽心竭力把工作做到最好，凡事坚持百分之百的合格率。面对一件事情，如果你把它认定是最好的，那么你就会因此而停滞不前，不愿意再去超越，不愿意去创新。这种态度决定了你做事的理念、技巧等不会有所提高，个人也无法从中得到历练。

有一名年轻人刚刚进入公司不久，虽然没有什么工作经验，但是他认为自己专业能力很强，完全可以做好自己的工作，对待工作十分随意。

一天，市场总监交给他一项任务，让他为一家知名企业做一个广告宣传方案，这位年轻人自认为才华横溢，仅用了 1 天时间，就把方案做好了。交上去之后，市场总监简单看了一眼，说：“你认为这是你能做的最好方案吗?”年轻人没有回答。市场总监接着说：“回去重新起草一份给我送过来。”

回去之后，年轻人端正了态度，他将自己起草的方案仔细看了一遍，发现确实有很多问题，于是经过认真修改之后，他再次将方案交给了上司。市场总监拿到报告后，问了他同样的问题：“你认为这是你做得最好的方案吗?”年轻人支支吾吾地回答说：“也许……应该还可以更好!”然后方案又回到了这位年轻人手中。

回到办公室后，年轻人想：“我一定要好好修改，不能再像前两次一样。”他仔细地查找着方案中的问题和细节，查找资料，进行修改。几天后，当年轻人将报告再次提交给市场总监时，对方再次提出了同样的问题。面对上次的问题，这次年轻人显得很从容，他说：“是的，我认为这是我做的最好的方案。”“好的，那我看看吧。”经过市场总监的审核，虽然没有什么大的问题，但是还是有个别小问题需要调整。

这件事情之后，这位年轻人在工作中时常警戒自己：没有最好，只有更好，要有不断进取的精神。遇到任何事情，他都会审问自己：“还能做到比这更好吗?”通过一次次的改善，年轻人的工作越来越出色，两年后，他成为了这家美国公司的副总经理。

男孩子都梦想着有更大作为，让自己变得更优秀，首要的一点是应该像这位年轻人一样，把工作的磨练视为一种锻炼，不甘于平庸，追求完美。没有最好，只有更好，以永不满足的态度做事，才能把工作做得更好，每天进步一点点。

韩国现代公司的人力资源部经理在谈到对员工的要求时是这样认为的：“我们认为对员工的最好的要求是，他们能够自己在内心中为自己树立一个标准，而这个标准应该符合他们所能够做到的最好的状态，并引领他们达到完美的状态。”

相反，有的人养成了敷衍了事的习惯后，往往就会变得不认真、不负责。这样的人，一定会轻视他的工作，进而轻视自己的人品。有人曾说：“轻率和疏忽会让无数人的命运走向失败。”的确，许多年轻人之所以失败，原因就是办事轻率，这不仅是对事不负责，更是对自己不负责。

西点人的经验是，对工作要有100%的负责态度，凡事都要做到最好。为此，要求男孩遇到过错不掩饰，遇到矛盾不绕行，遇到困难不推脱，不为自己留有余地。养成这种习惯，才会认真思考、勤奋工作，按时按质量完成任务，圆满地解决问题，成为值得信赖的人。

西点启示录

光有自动自发的工作习惯是不够的，还需要有突破平庸，追求完美的精神，这才是个人进取的精义。那些能自动自发，全身心地投入到自己工作和事业中的人，总能发掘出无穷的机会。

5. 勤奋比天分更重要

懒惰是最大的罪恶，在西点军校，每个人都明白这个道理。因此，每个学员都利用有限的时间学习最多的东西。没有人浪费时间，也没有人闲散偷懒，甚至没有人会容忍偷懒的行为。作为一名军人，勤勉已经变成了一种自觉的行为，变成一种责任。

作为美国历史上的第一位总统，华盛顿是西点学子重要的学习榜样之一。华盛顿的祖辈是英国人，远渡大西洋来到北美英国殖民地弗吉尼亚购地定居。

华盛顿的父母没读过多少书，但是对孩子的教育十分重视。他们居住在原始森林环绕着的一个新区，附近没有学校，只有一个小木屋孤零零地立在田野间，一位叫荷比的传教士在这里教导学生，华盛顿就是其中的一员。

在传教士的指导下，华盛顿认真学习识字和数学，非常勤奋。他非常喜欢测量学，于是在他的笔记本上，抄满的是关于票据以及土地买卖的契约、证明文件、借据、遗书等文件的格式。日后，华盛顿保持敬业、勤恳的精神，一步步成长起来，才有了更大的作为。

西点军校著名校友纳尔逊·布莱德林说：“你付出多少你就会收获多少，如果你想提高你的能力，你就必须要克服懒惰的习性和摒弃不劳而获的观念，也就是说，你必须要勤奋工作，认真做好每件小事。”

男孩子要始终明白一点，天下没有免费的午餐。个人勤勉、奋发、向上，是取得杰出成就必须付出的代价。好逸恶劳的懒惰品行，注定与成功、荣誉无缘，也是对个人发展、人生设计的不负责表现。

“真正的幸福决不会光顾那些精神麻木、四体不勤的人们，幸福只在辛勤的劳动和晶莹的汗水中。”勤奋的人在付出中收获，在收获中增进了智慧、增加的经验、增强了信心；而懒惰会让人精神沮丧、万念俱灰，在自怨自艾中堕落。

有些人总是抱怨自己一无所有，其实是懒惰的品性害了他们。懒惰，不仅让人失去了物质上的东西，更重要的是让人丧失了进取的精神动力。一个懒惰的男人是可怕的，他没有进取的意志，会在沉沦中丧失自我，最后无声无息被人忘却。

即使是一个有大分的人，如果没有勤奋作为支撑，他也无法在以后的生命中开辟新天地，有更大的作为。西点军校让每个人明白一点，即使你现在有一个很好的平台，有无限发展机会，比别人赢在起跑线上，但是如果没有勤奋努力地学习、思考，那么在以后的人生比赛中也必然会落伍。毋庸置疑，勤奋是对自己负责。

◎勤奋学习

世上最公平的是时间，只要你善于利用时间，有苦学的决心，那么，达成你的理想并不是一个遥远的梦。在西点军校，每个人都要接受系统的知识，不勤奋学习就无法过关，甚至会掉队。在学习过程中，每个人积极努力，不仅是为了掌握更多知识，也是为了养成一种勤奋学习的习惯，这对以后的人生非常有价值。

无论求学，还是毕业以后，人生不是到了一个终点，而是刚刚开始。正式投入较量之中，在自己的岗位、领域内作出成绩，有赖于我们持续学习、勤奋学习的能力。那些出类拔萃、薪水很高的优秀员工，尽管背景、性格、特长千差万别，但却有一个共同特点，那就是勤奋。正是因为勤奋学习，他们的素质才得以不断提高，发展机会也会增多，他们为团队、公司的发展做出了贡献。因此，任何时候都要不忘勤奋学习。

◎勤奋思考

一位美国妇女曾经为她的女儿描述这样一个人：“他满头白发，十分凌乱；他个子不高，肥大的衣服随便地套在身上，就像人们为了保暖，将毯子裹在身上一样；他有一双深凹的眼睛，嘴上长着粗硬的胡子。他老是凝视着、思考着。当他走近时，突然发现了我，愉快地微笑一下，然后又继续走着和思考着。”

这个人就是继伽利略、牛顿之后最杰出的物理学家，被人们称为“原子弹之父”的阿尔伯特·爱因斯坦，他可以说是勤于思考而又善于思考的典范。世界上勤奋的人，数不胜数，但在事业上获得成功的人却不是很多。同样都是勤奋，为什么有的人成功了，有的人却没有成功呢？这里的分界线，就看你是不是勤于和善于用脑。

西点军校不仅培养体格强健的勇士，更着力打造善于思考、勤奋思考的智者，学会观察世界、发现问题，进而做出正确的决策，提升个人处置问题的能力。这才是西点培养人才的重要目标。

西点启示录

勤奋是通向美好人生的阶梯，表现在日常工作上，它首先是一种积极向上的人生态度，是个人成才的必经之路，是团队充满生机与活力的集中表现。与此同时，勤奋需要用诚实的品格来支撑，需要用精明的技巧来激励，需要用美好的理想来引导，需要从做小事、做好小事开始。

6. 对他人倾注信任

军人以服从命令为天职！对长官的命令，必须坚信无疑，还要坚定执行。只有这样，才会令行禁止，确保从团队到个人各安其位、各司其职。

在美国西点军校，从踏入新兵训练营，换上军装的那一刻起，每个学员就开始听从无数的命令，从最琐碎平常的命令，到生死攸关的重大决定，他们都得无条件的服从，而没有任何借口。能做到这一点，与对上级的无限信任是分不开的。

在他们看来，没有信任，就没有服从。对上级无限地信任是确保不折不扣、有效执行的前提。那么，信任是什么？就是对上级下达的指令和任务欣然接受，毫不怀疑，全力以赴地贯彻执行；就是不讲条件，不问原因，不计较报酬，不折不扣地落实完成；就是无论遇到什么困难，遇到多大阻力，都会恪尽职守，想尽一切办法达成目标。

尤其是当遇到困难，出现麻烦的时候，你可能会怀疑这个命令的正确性、可行性，甚至私自改变行动计划。这时候，最需要坚定信念，倾注信任，以负责到底的勇气实现善始善终。

有一位年轻人毕业后被分配到一个海上油田钻井队工作。在海上工作的第一天，领班要求他在限定的时间内登上几十米高的钻井架，把一个包装好的漂亮盒子拿给在井架顶层的主管。

年轻人丝毫不敢懈怠，他拿着盒子，迅速登上又高又窄的舷梯。登上顶层后，他已经气喘吁吁。主管接过盒子，在上面签上了自己的名字，又命令年轻人把盒子送回去。不用说，年轻人连忙又快速地跑下舷梯，把盒子交给工头。

然而，令人意外的是，工头在盒子上签完名字后，仍旧让年轻人把盒子再次送给顶层的主管。年轻人想说什么，但还是忍住了，开始重复刚才的过程。

就这样，年轻人拿着盒子，在工头与顶层主管之间来回跑了三次。最后他浑身上下都被汗水浸湿了。年轻人内心燃起熊熊怒火，他心里隐约感觉到，这一切似乎是主管与工头故意刁难自己。

主管似乎猜透了年轻人的心思，于是命令道："把它打开。"年轻人把盒子拆开，看到里面是一罐咖啡。这一刻，年轻人可以断定——主管与工头在联合起来欺负自己。

主管接着又说："去冲杯咖啡吧！"这句话，在年轻人听来，更像是一种嘲弄。他在也克制不住自己了，用力把盒子摔到地上，气愤地说："我不干了！"

主管失望地摇了摇头，对年轻人说："孩子，你知道刚刚这一切，其实是一种承受极限的训练！因为我们每天都在海上作业，随时都可能会遇到危险，因此工作人员都必须要有极强的承受力，才能完成海上的作业与任务。"

听到这里，年轻人大吃一惊："对不起，我……"主管无奈地说："其实前面三次你都通过了，但是就差这么一点点。你无缘喝到自己冲泡的好咖啡了，真可惜！你可以走了。"就这样，年轻人在最后一刻倒下了，失去了被录用的机会。成功与失败往往只差最后一步，关键看你如何把握。

年轻人本来拥有了进入这家公司的机会，他应该好好珍惜，感谢公司的信任以及考验。但是他失去了耐心，不能坚持到最后，终于倒下了。面对生活的考验，本来就该以感恩的心应对，但是缺乏这种胸怀的人，是无法取得最后胜利的。

西点军校军官下达命令时，并不会告诉你如何执行，需要你完全自行决定该如何行动，但命令就是命令，你必须服从，必须不折不扣的执行，除此之外，别无选择！当西点军校学员服从命令时，也意味着他必须解决问题。服从不是盲目的，不是闭着眼睛鲁莽瞎撞，而是欣然接受命令，勇于承担责任，认真评估各种状况，找出解决方案，克服一切障碍，正确及时地完成任务。

对他人倾注信任，是成事的关键，每个男孩都要明白这一点。在一个团队里，个体必须服从领导，对上司百分百地信任，无条件地执行，快速认真的依从上级指令完成任务。

巴顿将军在《我所知道的战争》一书中写道：

"当我要提拔下属时，总是把所有候选人召集到一块，给他们出一道题。我对他们说：‘士兵们，我要在仓库后面挖一条战壕，8英尺长，3英尺宽，6英寸深。’我就告诉他们那么多，然后，我走进仓库，通过窗户或节孔观察他们。我看到士兵们把锹和镐都放到仓库后面的地上。他们休息几分钟后，开始议论为什么要他们挖这么浅的战壕。他们有的说6英寸深还不够当火炮掩体，其它人争论说，这样的战壕太热或太冷。

“如果士兵们是军官，则会抱怨他们不该干挖战壕这么普通的体力劳动。这时，有个士兵对别人下命令：‘让我们把战壕挖好后离开这里吧，至于那个老畜牲想用战壕干什么都没关系。’结果，那个士兵得到了提拔。”

试想，在战场上，倘若一个士兵执行任务时总要问为什么，他能不折不扣、坚定不移地完成任务吗？总是对上级的指令表示怀疑，他能在紧要关头，毫不犹豫地坚决服从命令吗？在一个团队里，如果你总是对管理制度抱以怀疑的态度，嘲笑制度死板，抱怨行动目标太高，你就不会自觉地遵守各项条规，也就不可能执行到位了。

男孩应该令人信任，也要相信他人。不要怀疑，上司制定的任何策略，下达的任何任务，都是有指向、有目的、有原因的。实施每个任务前，坚定不移地去落实，对每一项任务都毫不怀疑，你会发现自己正把纸上的计划变成伟大的现实并创造出出色的业绩。

西点启示录

西点前校长史科菲尔德：“不论任何阶级的指挥官，惟有以公正、坚定的管理，加上适度的关怀，而赢得部属尊重、信赖和敬爱的人，才是最成功最杰出的典范。”对个人来说，则要相信他人，用行动验证一切。

7. 对工作负责就是对自己负责

西点人的责任意识，贯穿于教学的整个过程。往大的方面说，对国家负责，对团队负责，是个人的荣誉。其实，深入地想想，一个人拥有强烈的责任意识，受益最大的是自己。

为什么每年那么多年轻人报考西点军校，他们的目的就是成为时代精英，让自己成为优秀分子。在这里，不仅可以掌握科学文化知识，还能在这里培养起责任意识、荣誉观念，这对自己一生的发展都是大有裨益的。

走向社会以后，一个有责任意识的人会勤恳努力工作，对工作负责其实就是对自己负责。男孩必须想清楚这一点，并在行动上有所建树。

我们常常听到这样的抱怨："辛辛苦苦地工作，就为这点钱，要那么卖命吗?""我干得再好还不是给老板打工吗?""市场经济讲究等价交换，拿多少钱，干多少活，我只要对得起这份工资就行了。"

这些人往往把薪水作为他们选择工作的标准，把工资高低作为衡量工作好坏的尺度，所以在工作过程中，他们总是懒懒散散，没有发挥主动性。这不仅没有尽到工作之责，也是对自己不负责任的表现。

卡恩是一家 IT 公司的营销部经理，有一次，公司安排他带领一个团队去参加一个国际产品展示会。由于时间紧，任务重，有很多事情需要他们加班加点去完成。可是卡恩带去的那批工人中，有很多人却不听安排，他们和往常一样，不愿意多干一分钟，一下班就溜回宾馆，或者去逛街了。卡恩要求他们进行展位设计，他们却说："没加班工资，我凭什么工作。”卡恩让他们把资料整理一下，他们反驳道：“你也不过是一个打工仔，职位比我们就高那么一点，何必那么卖命呢？”

只有一名员工每天毫无怨言地陪着卡恩加班加点，在展会开始的前一天晚上，公司老总亲自来到会场，检查展板的准备情况。那时已经是凌晨时间了，老总到达会场看到卡恩和一名安装工人正在挥汗如雨地趴在地上，细心擦拭着地板上的每一片污垢。而其它工人没有一个在。

见到老总，卡恩抱歉地说：“对不起，是我失职了，没有把所有工作人员都留下来参加工作。”老总拍了拍卡恩的肩膀，没有责怪他，而是指着他身边的那个工人问：“他是你特意留下来的吗？”“不是的，老总，他是主动留下来的，他留下来之后，别的工作人员还讽刺他，说他是傻瓜。”听了卡恩的叙述，老总没有做出任何表示，他招呼自己的几名随行人员一起参加到工作中去。

展会结束后，老总开除了那天没有参加工作的所有工作人员，并将那位主动留下来工作的工人提拔为安装分厂的副经理。那些被开除的人很不服气，他们找到老总理论：“我们只是多睡了几个小时的觉，而且，我们都是在下班时间才离开的，而他只是比我们多干了几个小时，凭什么提拔他为副经理？”

老总说道：“用自己的前途换取几个小时的懒觉，这是你们自己选择的，没有谁强迫你们，而且，据我观察，被我提拔的那个工人不只比你们多干几个小时，他在工作中一直都是一个积极主动的人，总是在默默地奉献。提拔他是对他工作负责和默默付出的回报。”

西点毕业生跟上面那个默默无闻做事的人一样，始终做好自己的本分，甚至做好超出自己职责范围内的事情。由此，他们在工作中锻炼了自己，增长了见识，积累了经验。而这些都是日后获得更高职位的筹码，也是拓展个人发展空间的资本。

对工作负责就是对自己负责，也许领导不会了解每个员工的表现，或熟知每一份工作细节，但是作为一名优秀的员工应该清楚，对工作负责最终可以带来什么样的结果，没有哪个领导会把升迁或者奖励赋予那些不负责任的员工。相反，那些对工作认真负责的员工往往非常重视自己的工作，他们从小事做起，一点一滴地积累，长此以往，他们发现比起企业，自己才是最大的赢家。

男孩要始终明白一点，一个人无论有多大的本事，都要从基本的岗位做起，踏踏实实走好每一步，这个过程无法跨越。因此，在接受了任务以后，务必在岗位上做好自己，以积极负责的态度作出业绩。许多时候，不用你向上级提出升职、涨薪的要求，你就会得到高升的机会。

一个人无论在卑微的岗位上，还是在重要的岗位上，都能秉承一种负责、敬业的精神，一种服从、诚实的态度，并表现出完美的执行能力。这样的人一定是任何组织的最佳选择，也是最优选择。

当你尝试着对自己的工作负责的时候，你会发现，你的工作会因此而改变，你的生活也会因此而改变。其实，对工作负责真正改变的不是你的工作和生活，而是你的工作态度。正是工作态度，把你和其它人区别开来。也正是这种敬业负责的工作态度让你的思路比别人更开阔，工作比别人更积极，自然你的未来也比别人更美好。

西点启示录

对工作负责就是对自己负责，你“敷衍”工作，工作也会“敷衍”你。实际上，做“演员”是很累的，与其把大部分时间放在精心策划的“表演”上面，还不如踏踏实实地做点事情。而且，对工作负责也是为了自己的前途在打拼。你的忙碌一方面是在为自己的能力添砖加瓦，另一方面也是借着企业这个平台来逐渐实现自己的理想。摘下面具、认真工作，让自己在挥洒汗水的过程中体验劳动与成长的快乐，也得到领导的赏识，获得提升，可谓一举多得。

8. 勇于负责会得到更多机会

在西点人看来，勇于负责的人不仅值得称颂，更值得托付重任。由此，他们赢得了更多发展机会。显然，一个重要的职位不可能让给一个缺乏责任心的人。当你表现出应有的责任感时，其实你也在展示自己能够胜任这一优势。

换句话说，西点学员在各个领域、任何岗位都能做得很出色，往往不是他们能力多么出色，而是他们比他人更负责，因此得到了胜任的机会，也让自己有了施展能力的舞台。这一点，值得男孩深思和借鉴。

实际工作中，有的年轻人习惯敷衍塞责，找借口为自己开脱。结果，在别人眼里，他们成了缺乏责任感、不愿意承担责任的人。虽然没有谁能做到尽善尽美，但是，一个主动承认错误的人至少是勇敢的，如何对待已经出现的问题，更能看出一个人是否能够勇于承担责任。

成功者找方法，失败者找借口。如果一个机会触手可及，每个人都可以轻易拿到手，那么，这个机会绝对不可能是什么宝贵的机会。机会是开在荆棘丛中的鲜花，对于工作而言，最艰苦的环境中，常常隐藏着最宝贵的机会。

有一位顾客在汤姆的网店买东西，作为送给家人的礼物。同时，对方提出了一个要求，给产品加一个包装。虽然加包装不是店里的业务，但是汤姆还是答应了。不巧的是负责出单的人员忘了把这个要求备注在订单上面。

第二天，顾客收到东西，非常不开心，结果这导致汤姆前期的优秀服务前功尽弃。怎么处理呢？汤姆亲自安慰顾客，主动承认了自己的错误，并请顾客帮个忙，去礼品店包装一下，费用由网店来负责。

后来，顾客接受了汤姆的建议。在礼品店包装可能包得更如顾客自己的意愿，并且顾客家人也十分得喜欢，所以顾客对这次交易还是非常满意的，愉快地表示下次还要来购物。

其实，汤姆的网店本来是不提供代客包装业务的，但是因为已经答应了顾客，就一定得做到，这就是一种责任。可是因为工作人员的疏忽，导致了这个错误，网店就有责任来弥补这个错误。

对于这件事，汤姆说："顾客到店里来购物是一件挺不容易的事情，虽然现在网络购物越来越普及，但是让顾客相信一个虚拟的店铺，必须提供周到全面的服务。不能因为可能会导致亏损就不去承担这个责任。"事实证明，承担责任不仅给这家网店带来了更多的收益，而且也赢得了顾客的尊重。

责任就是机会，要想把握机会，你必须做到勇于承担属于你的责任。因为一个缺乏责任感的人，或者一个不负责任的人，首先失去的是社会的认可，其次失去了别人对他的信任与尊重，最后也失去了他自身的立命之本——信誉和尊严。

西点学员能够持续得到发展，并在自己的领域内有一番作为，与他们勇于负责的态度有直接关系。因为敢于担当，所以他们获得了比常人更多的机会，而这种机会是弥足珍贵，不是轻易能够得来的。由此可以看出，一个人的命运其实是由自己决定的，你的作为决定了你的修为，影响了你的事业。

当然，每个人在工作中都不可避免会犯一些错误，产生错误并不可怕，关键是我们面对错误的态度。即使没有良好的出身、优越的地位，只要能够勤奋地工作，认真、负责地处理日常工作中的事务，就会得到别人的敬重和支持。反之，一个人即使高高在上，却不敢承担责任，丧失了基本的职业道德，也会遭到他人的鄙视和唾弃。

在日常工作中，经常会听到这样的话："这件事情不是我干的"、"是他让我这样做的"、"这是前任造成的后果"、"这是很久以前遗留下来的问题”等等。虽然这是很多人在面对工作出现问题时的第一反应，但是，当我们在工作中一次又一次地推卸自己的责任的同时，我们其实已经失去了自己，失去了一个又一个宝贵的发展机会和赢得尊重的机会，这一切都是因为我们在那一刻缺失了人生最重要的品质——勇于承担责任。

勇于承担责任是一种美德。作为年轻人，凡事要敢于承担、敢于负责。在出现失误时，不要置身事外，不要采取观望态度，而应该站在他人的立场上，努力负担起自己应该承担的责任，而不是选择逃避或推诿。

在今天这个时代，人们越来越欣赏那些勇于承担责任的人，这也是西点毕业学员普遍受到欢迎的重要原因。大家认为，只有这样的人才能给人一种信赖感，才值得与之交往，也只有这样的人，才能为企业带来效益。所以，男孩要主动培养勇于负责的精神，这样才会获得别人的敬重，为自己赢得尊严。

西点启示录

责任不是压弯人脊梁的重担，更不是阻碍人前行的负担，而是员工成长的源泉。承担责任会让我们得到锻炼，懂得如何应对人生道路上的种种考验，使我们变得坚强。通常，你承担的责任越多、越重，就能得到更好的成长，获得更大的成就。

9. 职业发展从尽职尽责开始

西点军校培养的人才是健全人格、强健体魄、前沿知识的融合体。只要你走出西点，无论你将来从军，还是步入政界、商界，都是能够胜任岗位职责的精英。

在众多优秀素养中，西点学员的尽职尽责精神最令人称道。因为，一个年轻人的各项素养可能有区别，但是不会差别太大。而且，这种差别不足以决定一个人终生的命运。影响个人一生走向的是尽职尽责的工作态度。

在任何岗位上，只要做到了尽职尽责，付出了艰苦努力，大多会有成就。这一点，对任何人都适用。西点人在接受教育的时候，始终没有放弃尽职尽责精神的培养，因为这是一个人的立身之本。

有一家报纸刊登了一则招聘教师的广告，上面是这样写的：“工作很轻松，但要全心全意，尽职尽责。”这说明，每一个人对待工作都应该全心全意、尽职尽责。这其实是一个人必备的职业精神，也是每一个年轻人有所作为的关键。

因为，做事情无法尽职尽责的人，其心灵上亦缺乏相同的特质。他不会培养自己的个性，意志无法坚定，无法达到自己追求的目标。一面贪图玩乐，一面又想发展，自以为可以左右逢源的人，不但到头来享乐与发展两头落空，还会悔不当初。从某种意义上说，尽职尽责地完成工作比敷衍了事做表面文章更有意义。

一家皮毛销售公司的老板为了给自己选择一个好的助理，决定从自己公司比较优秀的3名员工里挑选1名。一天，他吩咐这3名员工去做同一件事情：去供货商那里调查一下皮毛的数量、价格和品质。

5分钟之后，第一名员工就回来了，他没有亲自去调查，而是向下属打听了一下供货商的情况就回来向老板报告。半个小时后，第二名员工也回来了，他自己到供货商那里把老板需要了解的情况作了调查，然后回来汇报。而第三名员工一个小时后，才走进老板办公室，原来他不仅亲自了解了皮毛的数量、价格和品质，而且根据企业的采购需求，对供货商那里最有价值的商品进行了了解和详细记录，回来的路上，他去了其它两家供货商那里了解皮毛的最新商业信息，将三家供货商的情况作了比较，列成表格，制定出了最佳的购买方案汇报给了老板。

一个月后，老板对第一名员工进行了批评教育，第二名员工继续在原岗位工作，而第三名员工自然而然被提升为董事长助理。

同样的任务，却因为三名员工的责任感不同，而产生不同的结果。第一名员工敷衍了事，草率应付；第二名员工只是完成了老板交代的工作；而第三名员工却真正做到了尽职尽责、全力以赴。试想一下，如果你是老板，你会怎么选择，会把升职、加薪的机会留给谁？

随着市场竞争的日益激烈，企业裁员现象随处可见，这样就给就业者带来了更大的压力。一名员工要想保住自己的工作，就要懂得适应金融危机下的企业环境，通过提升自己的能力，让自己成为企业不可或缺的人才，只有这样，裁员的厄运才不会落到自己头上。

要想让自己成为企业不可或缺的员工，就必须在工作中做到全心全意、尽职尽责，只有这样，才能既为企业创造利润，又为自己的发展奠定基础，从而获得双赢的结果。

强尼和杰克在一家酒店餐饮部实习。一天，一位在酒店住宿的客人来餐厅吃饭，饭菜已经上桌了，客人接到一个电话，有紧急事情需要离开。离开之前，这位客人让杰克把他的饭菜留下来，等回来之后再吃，并给杰克看了一眼自己的房卡，杰克看完房卡后，礼节性地向对方点头微笑，表示同意。

这时，一向认真负责的强尼看到了这一场景，虽然跟他没有关系，但是出于责任感，她走到那位客人的身边，面带微笑、非常诚恳地对客人说："先生，请您放心，我们一定会把饭菜留到等您回来，不过我们酒店有规定，因为您已经点了菜，所以需要先付账，请您理解我们的做法。"客人没有多说什么，爽快地答应了强尼的要求，于是强尼面带笑容地带客人到前台结了账。

这位客人到酒店打烊了都一直没有回来，出于责任，强尼不但没有下班回家，反而要求厨房留下人值班，等客人回来了，他第一时间让厨房把饭菜热好端了上来。他所做的一切让客人很感动，他的行为也被经理看在了眼里。2 年后，强尼成为了这家酒店的副经理。

成功的机会是不会随意降落的，只有尽职尽责的人才能获得更多的机会。尽职尽责是一个年轻人能够立足于竞争激烈的社会之中的基本条件，是我们打开卓越之门的钥匙。然而在今天，很多年轻人工作不负责任，敷衍了事，他们认为自己平凡的岗位根本就没有什么责任可言。

事实并非如此，责任存在于每一个人的心中，即使从事的是再平凡不过的工作，也需要你认真负责。正如皮尔·卡丹曾经对他的员工说：“如果你能真正地钉好一枚纽扣，这应该比你缝制出一件粗制滥造的衣服更有价值。”

西点军校对学员的培养法则提醒我们，年轻人必须学会尽职尽责地做事，任何时候都不要把责任抛之脑后。一个不负责任的年轻人，只有被埋没或者被淘汰的结局；而一名对工作认真负责，积极进取的人呢，才能成为他人眼里担当重任的人选，也会成为机会青睐的对象。

西点启示录

人们永远尊重尽职尽责的人，就像永远尊重对自己的人格负责的人一样。如果你习惯了让别人替你承担责任，你将永远亏欠别人，你的腰板永远也不会挺直。所以，你最好是把尽职尽责作为一种生活态度。这样，你既不会觉得责任会给自己带来压力，也不会因为自己承担责任而觉得别人欠了你什么。尤其是当责任由生活态度转变为工作态度时，工作对于你的意义就不仅仅是赚钱那么简单了。

礼物3

忠诚——把为国家奉献一生的信念刻在心里

西点军校著名教官杰罗姆·贾尔斯将军说：“军人必须在军队中奠定自己的事业。只要自己还是西点军校中的一员就应该抛开任何借口，投入自己的忠诚和责任。将身心彻底融入西点军校，尽职尽责，处处为西点军校着想。”

在西点，忠诚是你的义务。在现实中，忠诚的人更容易得到重用。西点精神提醒我们，永远不要背叛，忠诚是最耀眼的“个人品牌”。

1. 忠诚是你的立身之本

从西点军校走出来的军人，对“忠诚”两个字的理解深入骨髓。它不仅是西点的校训，更是教官、学员身负使命感与荣誉感的力量所在。无论是上将还是少尉，都把忠诚放在心里，任凭自己走到世界任何地方。

忠诚是人类崇高的美德，是做人的基本要求。只有忠诚的人才能赢得别人的尊重，赢得他人的信任，在人生发展道路上日益精进，有更大的作为。

十九世纪末，古巴处在西班牙的统治之下。当时美国要赶走西班牙人，于是双方爆发了美西战争。美军为了取得胜利，需要与活动在古巴丛林中的反抗军首领加西亚取得联系，共同抵御敌人；于是，美军司令把一封写给加西亚的信交给了罗文上尉。罗文接受命令以后没有提任何要求，就开始了送信的任务。他花费 20 多天的时间，徒步走过了危机重重的地区，成功把信交给了加西亚。

美西战争取得胜利以后，人们推选最大的功臣，结果这个人既不是美军司令、也不是加西亚，而是上尉罗文。正是他忠诚敬业的品质保证了信件及时送达，使双方实现了军事上的配合，最终成功完成了对敌斗争。罗文忠诚的精神是受人欢迎的，只有具备这种品质我们才能成为值得信赖的人。

西点军校著名教官杰罗姆·贾尔斯将军说：“军人必须在军队中奠定自己的事业。只要自己还是西点军校中的一员就应该抛开任何借口，投入自己的忠诚和责任。将身心彻底融入西点军校，尽职尽责，处处为西点军校着想。”

西点军校的忠诚意识并非来自于宣誓，也不是靠要求得来的，而是创造出来的。西点军校在制度上建立目标高度统一和团结合作的组织，又在新兵训练营创造互信感，教官和学员不论在正式或非正式行动中，必定将部属的福祉放于自己福祉之上，这种行为进一步加深了西点军校学员的归属感。

心甘情愿为长官或更高一级的领导作贡献，甚至作出牺牲，西点学员为什么会有这种令人动容的信念呢？因为，这些领导首先愿为他们作贡献和牺牲，双方是互相忠诚的，而不是单方面的，道理就这么简单！

很难想象，一个不能对国家、军队效忠，不能忠诚于自己的目标和任务的学员，如何在国家最需要的时候，奋不顾身，冲锋在前？如何穿越在枪林弹雨中，自动自发地去完成上级交付的重任？如何在面对强敌时，毫不畏惧退缩，发挥出以一当十的威力？

在生活中，男孩有所担当，有所作为，首先要有一颗忠诚的心——只有忠诚才能使家庭和睦相处，与自己的伴侣白头偕老；只有忠诚才能使朋友之间亲如手足，避免反目成仇；只有忠诚才能使上下级之间团结一致把事情做好，不会出现离心离德、相互猜忌的情况。

在现代组织中，忠诚是团队正常运行和发挥作用的基础。团队成员只有相互忠诚才能真正建立公平、公正、公开的游戏规则，企业只有对客户忠诚才能提供良好的产品和服务，实现持续健康的发展。

IBM公司的创始人老沃森对“忠诚”也极为看重，并将“忠诚”和“自动自发”作为公司永不终止的信条和追求。他认为，加入一个公司是一种要求绝对忠诚的行为，忠诚是一种美德，一个对公司忠诚的人，不仅仅是忠诚于一个企业，而是忠诚于人类的幸福。

老沃森曾对员工说：“如果你是忠诚的，你就会成功。只要热爱工作，就会提高工作水平，忠诚和努力是融合在一起的，忠诚是生命的润滑剂。对工作忠诚的人没有苦恼，也不会因动摇而困惑，他坚守着航船，如果船要沉没，他会像一个英雄那样，在乐队的演奏声中，随着桅杆顶上的旗帜一起沉没。”

IBM一直坚守着这个信条，并将其渗透到企业的各个层面，使每一个员工都在这一思想和精神的熏陶下，持久地忠诚于IBM公司，并形成一种强大的凝聚力和向心力。

由此可见，做人、做企业都要确立忠诚的信仰，才能在面对各种困难和挑战时不逃避退缩，受到外界诱惑和威胁时不左右摇摆。试想一下，一个朝秦暮楚的人怎么能赢得他人的信赖和支持呢？

西点启示录

无论对谁，也不管是什么事，只要我们做出了承诺，就要用行动去兑现。忠诚于国家，忠诚于西点军校，忠实于自己的使命和责任，心甘情愿，竭尽全力地完成上级指定的每一项任务。这是每个西点人的价值观。

2. 忠诚比能力更重要

西点军校重视个人的力量，但是更看重团队精神，因为这是达成大目标最关键的条件。忠于团队、组织，是军人职业的特别要求，也是几乎所有行业不可或缺的成功因素，它比个人能力更重要。

在西点军校，大家所信奉的是："我们这样团结起来可以创造一种集体观念的气氛。"军官在人行道上相遇，总是彼此问候致意；学员们总是自觉地帮助学习较差的同学；如果某学员的汽车坏在路上，毫无疑问，过路者一定会伸出援助之手。这是一种基本素养，是西点军校长时间形成的习惯。

自从1856年出生以来，亨利·奥西恩·弗利波尔就是奴隶身份。美国内战结束后，他进入西点军校学习，成为这所军事院校第一个非洲裔美国人。

当时，战争的影响渗透到西点军校，校内分成了南方、北方两大派别，矛盾日益激化。亨利·奥西恩·弗利波尔的到来，让许多人大跌眼镜，更多的人想看笑话。但是，有人向昔日的黑奴伸出了友谊之手。在别人的帮助下，亨利·奥西恩·弗利波尔进步很快，毕业时成为优秀学员。

毕业之后，亨利·奥西恩·弗利波尔一直恪守西点校训，对国家忠心耿耿，跟着教官作出了许多非凡的成就，屡立战功，成为美国部队中一名出色的干将。这一切，与其说是亨利·奥西恩·弗利波尔努力奋斗的结果，不如说是他用忠诚换来的。忠诚，给与他力量，帮助他实现了自我，也服务了国家。

多年来，由于团结一致地贯彻执行美国的内外政策，西点毕业生成了国家利益的积极捍卫者，由此获得了更多发展机会与职位。

一个有着悠久历史，有着光荣传统，有着辈出名人的教育团体，一个始终以集体精神、团结一致进行灌输的团体，逐渐形成了一种社会网络，以致在美国的各行各业都能体现出来。西点学员用西点学员，帮西点学员，成就西点学员，光大西点的影响，几乎成为西点学员的自觉行动。因此，不论在军界、政界，还是在工商界，西点学员的联系，西点学员的作用都令人不敢小看。

在世界各地，能力都是可以通过努力、学习来弥补的，但是忠诚精神却需要从心灵深处去唤醒。缺乏忠诚精神的人，很难赢得组织、团队的青睐。因此，男孩子一旦做出选择，就要忠于自己的理想；一旦选择了一个团队，就要始终不渝地维护她的声誉和利益。

对个人来说，忠诚将融入你的团队之中。要时刻记住自己是谁，从哪儿来的。你并不是完全靠自己的力量成为现在的你的，曾经帮助过你的人应该得到你的忠诚。当你在谈论自己所在的团队、队友或是上司时，要知道，别人可都是在认真地倾听。当这些人需要你的时候，你要保证自己也能帮助他们。这样的仁慈与忠诚将得到巨大的回报，你将会让自己的团队以及人际网络的内部关系变得更加紧密。

西点军官与其上下级之间关系的牢固程度，可以从他们的相互尊重、信任和信心程度以及道德程度上得到反映。这一关系中尤为重要的是管理者要尊重下级的人格，不论种族和性别，公正待人。官兵之间的紧密关系是十分必要的，特别在战斗中更是如此。

众所周知，战斗中占统治地位的恐惧不是害怕惩罚，而是害怕负伤或死亡。在大多数令人生畏的战斗情形中，只有那些尊重和信赖自己的上级和同伴的士兵，才能有目的地进行战斗，甚至以死相拼。

通常，在新学员入校时，往往采取各种严格的训练。这种做法的优点在于学员的身体即使疲惫不堪，没有提出反对的余地，则形成无条件服从上司的基础。此种行为如果累积下来，便可维持绝对服从的团体规则。

男孩子在一个团队中往往扮演重要角色，这时候你必须学会无条件地服从上司的命令，以便达成共同目标，否则就可能产生障碍。尤其是在今天以团队竞争为主的时代，高度的团队效率乃是力量之所在，个体忠诚胜过能力。

一旦加入团队，必须把自己的命运交付在别人手中，这才是真正

了解团结的真谛，远胜过任何分组作业或活动的效果。一旦众人形成合力，其效果将是惊人的。原因在于，在一个组织里，忠诚不但提高了内聚力，还让队员之间的沟通更迅速，从而作业效率会更高。这时候，单个人的能力大小就不重要了。

西点启示录

西点64届学员，东方航空公司总裁法兰克·波曼："英雄后面是一大队支持他的勇士，世界上从来就没有'孤独英雄'，我们能够驰骋战场，因为我们身后是伟大的祖国。"忠诚的人才会把团结、奉献的念头放在心上，从而在精诚团结中取得意想不到的成就和荣誉。

3. 要尽忠，不要愚忠

多年来，西点军校注重培养具备独立思考能力、前瞻智慧的优秀人才。这样的人，不仅具备责任、荣誉、爱国等思想，还能在实践中妥善处理问题、出色解决问题，从而在重要的岗位上担当重任。

忠诚教育，在西点的课堂上反复强调。这种教育取得了良好的效果，从西点走出来的学员中，几乎没有叛军叛将出现。对西点人来说，忠诚不是抽象的概念，而是实实在在的行动。具体来说，学员必须忠于所在的团队，尊重和帮助身边的每一个人。大家信奉的是，团结起来，营造一种集体氛围，为祖国贡献自己的力量。

西点学员忠于祖国、帮助他人是发自内心的真挚感情，但是，这种行为不是盲目的，也不是单方面的。比如，学员不仅要对上级忠诚、提供帮助，也要把这种行为放到下级身上，落实到日常生活中。这种忠诚，可以说是大忠，而不是只针对上级领导的愚忠。

美国阿姆斯壮国际公司是一家具有近百年历史的国际公司，在蒸汽系统专业有核心竞争优势。在公司发展历史上，有一个感人的故事，已经成为人们津津乐道的话题，那就是“125000 美元的感谢”。

1987 年，美国经济遭遇了大萧条。阿姆斯壮国际公司的领导人第一次冻结了员工工资，希望借此渡过艰难的一年。阿姆斯壮国际公司的员工毫无怨言地接受了这一事实。他们没有抱怨，而是主动和公司站到了一起，大家同舟共济。在许多人看来，这是回报公司的最佳时刻。

过了几个月，人们发现这次经济低潮没有想象中的那么坏，阿姆斯壮国际公司的经营业绩也没有出现大的波动。于是，公司领导人决定把原来所欠的工资补发给大家，并且给每个人长 400 美元的工资。

与以往不同，公司领导人并没有用支票来支付增长的工资，而采取了现金的形式。那一天，员工被召集到大厅。公司董事长站在一张堆满钞票的大桌子后面，充满感激地对大家说：“由于阿姆斯壮的经营比预期的要好，公司决定要和大家一同分享这份好运。”

董事长靠近堆满了 10 美元面额钞票的桌子，125000 张钞票足足堆了两英尺高。接着，大家一个接着一个走上前，与公司董事长、经理们握手。接到钞票的那一刻，大家都听到公司领导人在说同一句话：“感谢你对公司的理解和支持！”

在阿姆斯壮国际公司的领导人看来，手下的员工是最好的工作伙伴。他们在关键时刻接受了公司的安排，与公司共渡难关，是对公司的支持和帮助。因此，一旦公司摆脱了危机，领导人就及时发放工资，并提高薪水，表达对员工的谢意，肯定、支持他们的良好表现。

阿姆斯壮国际公司的员工是忠诚的，他们在公司遭遇危机时选择了不离不弃、共渡难关。而公司领导对员工也是忠诚的，当危机渡过之后，他们给员工及时回馈，让每个人都得到回报，由此建立更紧密的忠诚合作关系。

这种互惠互利的忠诚，是值得提倡和肯定的。比起那些单方面要求对方忠诚，而自己却坚守私利的做法，相互的忠诚是那么令人称道。

在许多国家和地区，在许多组织里，对掌握实权的领导、上级忠诚服务，是司空见惯的事情。对下属、同事保持合作态度、忠诚精神才值得称道。西点军校培养学员平等的观念，服务大众的理念，就是要把忠诚这个概念发挥好，在每个人心里生根发芽、开花结果。

在一些领导者眼里，下属似乎不需要被感谢，不需要精神上的激励。通常，他们会认为："只要下属尊重我就行，我不在乎他们是否喜欢我"，"薪水就是对员工的认可"，等等。

当下属表现出色时，领导者不能给予及时的表扬、鼓励，直到错过了感谢他们的机会，这显然是管理上的失误。高明的领导者会使用"胡萝卜"吸引人才、留住人才，引导他们关注团队和组织的目标，并激励他们竭尽所能做出贡献。

当然，领导者必须明确一点：善于表达感谢是一方面，重要的是要言之有物。也就是说，要善于采取恰当的方式感谢下属，在时机把握、气氛营造、心理接受程度上拿捏好。要知道，糟糕的称赞和感谢是令人沮丧的，至于笼统的"感谢你们每个人的工作"之类的话，还是少说为妙。因为，那只会让下属疑惑：领导真的看清问题，知道自己做了什么吗？

一个业务员在外奔忙了一天，干得相当出色。回到公司后，经理对他说："嘿，今天干得不错。"换成一位会说话的经理人，则会说："现在公司正在创业阶段，大家都会辛苦点儿，不过我们总算度过最艰苦的日子了。再加把劲，公司会好好回报你的。谢谢你这么积极工作，非常感谢！”

事实上，领导者与下属除了在工作分工上的不同外，在人格上是平等的，相互尊重也是自然的。将心比心，学会感谢下属，尊重对方，这既是现代文明的主题，也是发挥人力资源优势所必须的条件。

经验证明，一个素养高、亲切待人的领导总是比一个冷漠而又高高在上的领导更具号召力、感染力。领导者要注重自身修养，用自己的“言行”影响下属，用“德”、用“人格力量”感召员工，从而增强整个团队的凝聚力、向心力，提高员工的工作效率和工作积极主动性。

最后需要指出的是，对组织、领导忠诚要发自内心，而不是矫揉造作。如果仅仅是听领导讲话，并迎合一下，而没有真正领会上级的讲话精神，并在工作中执行到位，那么这种忠诚就是虚假的。

还有，在工作中对上级的指令提出不同意见，敢于说真话，也是忠诚的表现。从组织利益出发，站在大局考虑问题，这种忠诚值得赞颂。

西点启示录

忠诚是双向的，既包括下级对上级的忠心，也包括上级对下级的照顾和利益维护。同时，忠诚不一定是言听计从，从大局的角度提出中肯的意见，矫正上级的不妥之处，也是应该提倡的。

4. 忠诚凝聚团队的力量

忠诚，是军人最可贵的品质。在忠诚的指引下，军人会听从指挥、纪律严明、艰苦奋斗，创造性地在战场上赢得胜利，甚至为国捐躯。

对军人来说，忠诚既是无上的光荣，也是沉甸甸的责任。对团队来说，忠诚是凝聚人心、聚合力量的利器。在西点军校，教官告诉每个学员要忠于国家、忠于团队，努力做到生死与共、同仇敌忾。

一个没有忠诚的团队，是一盘散沙，自然没有力量可言。海军陆战队的团队管理也值得借鉴。具体来说，海军陆战队团队建设遵循几个简单而适用的原则：

第一，忠诚原则。团队成员绝对忠诚于团队和战友，这能在最大程度上提升队伍的战斗力和凝聚力，是队伍战无不胜的法宝。

第二，少而精原则。成员不在于多，二人搭挡的“亲密朋友”系统常常胜过一群人。当然，这里首要的一点是密切配合，相互忠诚。

第三，自我控制原则。每一个成员，都必须有极强的自我控制能力。除了对自己的特点、实力了如指掌以外，还要熟悉队友的习惯、特点，从而实现完美融合。

第四，归属原则。每一个成员，都必须树立强烈的归属感，融入到团队中去。在战斗中，要时刻想到团队，紧紧依靠团队的力量夺取胜利。

第五，协同原则。任何时候，成员都必须协同一致，包括协同侦察、协同射击、协同渡河等。这里突出了团队成员之间密切配合的技能。

上面五点虽然侧重点不一样，但是都离不开“忠诚”的核心作用。西点军校在教学过程中，也把忠诚作为凝聚团队力量、发挥团队优势的关键。

一个团队是由不同的个体组成的，每个团队成员的技能、个性、角色、灵活性、对合作的偏好，都存在着很大差异，进而决定着团队工作成效的好坏。发挥团队的力量，有赖于每个成员的忠诚，进而确保大家往一个方向用力、用智。

美国罗氏国际旅游公司的老板罗森布鲁斯，凭借“员工第一、顾客第二”的经营之道，使一家小旅行社在短短15年内发展为国际大旅游公司，年营业额达到十几亿美元。

作为一个管理者，他的成功之处是把工作重心放在员工身上，首位的工作是用企业文化组建有效的团队，激发员工们的忠诚度和进取心。打造员工忠诚，极大地增强了团队的战斗力，由此奠定了企业发展的基础。

罗森布鲁斯教导员工忠诚和服从，但这种服从不是仅仅对老板个人的服从，而是对企业整体利益，这也是每个员工的切身利益。因此鼓励员工打破传统，营造一个快乐的工作环境，从而产生了令人震惊的工作效果。

忠诚于团队，是忠诚于国家的直接表现。任何人都不会容忍别人背叛自己，你的队友容忍不了，同样你的上司也不例外。作为团队中的一员，首先应该把团队利益放在第一位，无论何时何地，都要最大限度地维护团队的利益。只有那些时刻将团队利益置于首位、忠诚于团队的人才会赢得队友的赏识，才能够得到更大的发展空间，同样也会使得你的团队变得更加强大！

在男孩子的所有品格中，忠诚是最重要的一点。具体来说，它表现为对自己的忠诚，对团队的忠诚，对系统的忠诚，对事业的忠诚。每个人都应该忠诚于自己所选择的——事业或是生活，团队或是自己。忠诚心有了，遇事才会想办法去应对难题，获得解决问题的能力。

井深大刚是索尼企业的一名功臣，他将个人的知识与集体的智慧结合起来，以忠诚敬业的精神发挥团队优势，为企业创造了巨大的财富。

刚到索尼时，这家公司只有二十多人。老板盛田昭夫却对井深大刚非常器重，并委以重任："我知道你是一个优秀的电子技术专家，好钢要用在刀刃上，我把你安排在最重要的岗位上——由你来全权负责新产品的研发，怎么样？你这一步走好了，企业也就有希望了！"

井深大刚有些拿不定主意："我？我还很不成熟，虽然我很愿意担任重任，但实在怕有负重托呀！您能给我指点迷津吗？"

但是，盛田昭夫始终鼓励他："新的领域对每个人来说都是陌生的，关键在于你要和大家联手，这才是你的优势所在！众人的智慧联合起来，还有什么困难是不可战胜的呢？"

井深大刚一下子豁然开朗："对呀，我怎么光想到自己？不是还有二十多位同事吗？为什么不向他们虚心求教，共同奋斗呢？"

他与市场部的同事一同探讨销路不畅的问题，对方说："磁带录音机之所以不好销，一是太笨重——每台大约 45 公斤；二是价钱太贵，每台售价 16 万日元，一般人很难接受，半年也卖不出一台。您能不能在轻便和低廉方面多加考虑？"井深大刚点头称是。

接着，井深大刚又向信息部的同事了解情况。信息部的业务人员告诉他："目前美国已采用晶体管生产技术，不仅大大降低了成本，而且非常轻便。我们建议您在这方面多下功夫。"井深大刚点点头，答道："谢谢，我会朝这方面努力的！"

在研制过程中，井深大刚又和生产第一线的工人团结合作，共同攻克了一道道技术难关，在1954年成功试制出日本最早的晶体管收音机，并成功地推向市场。索尼企业由此迈进了新纪元！

井深大刚凭籍着对集体的忠诚，克服困难，将团队交给他的任务圆满地完成了，他也从一名缺乏信心的新手脱颖而出，一跃成为索尼企业的副总裁。个人的智力水平是有限的，但是只要忠诚于团队，那么集体的智慧就可以帮助你夺取更大的成功。

一位人力资源专家指出："现在的年轻人在职场中普遍表现出来的自负，使他们在融入工作环境方面显得缓慢和困难，他们缺乏团队合作精神，项目都是自己做，不愿和同事一起想办法，每个人都会做出不同的结果，最后对企业一点儿用也没有。"

无论从事任何行业，在任何岗位上做事，每个人都是团队中的一分子。忠于职守，树立起对团队工作认真负责的信念，不仅有利于个人成长进步，也是团队力量得以发挥的关键。

西点启示录

团队精神是团队成员为了团队的利益和目标而相互协作、尽心尽力的意愿和作风，是将个体利益与整体利益相统一，从而实现组织高效率运作的理想工作状态，是高效团队的灵魂，是成功团队身上难以琢磨的特质。而塑造团队精神的关键是，忠于自己的团队，贡献自己的才智。

5. 守时是一种忠诚的表现

西点军校对守时有着严格的规定，在任何时候，迟到都会受到最严厉的惩罚。因为对于军人来说，时间就是生命，耽误一分钟就可能造成整个战役的失败。

拿破仑是西点学员学习的楷模，但拿破仑兵败滑铁卢的惨痛教训，让他们铭记于心。军事生涯中，拿破仑十分珍惜时间，他知道，每场战役的“关键时刻”决定了整场战役的成败。这位欧洲战神说过，奥地利军队之所以不敌法国军队，是因为奥地利军人不懂得1分钟的价值。

但是，对于一个这么重视时间价值的人来说，历史的悲剧却毫不留情的在他身上重演。在滑铁卢那个生死存亡的上午，他自己和格鲁希就因为一分钟之差而被敌人打败。这种教训更令西点学员引以为戒。

军人向来是说到做到，遵守时间是必修的科目。西点军人皆养成准时的习惯，他们认为，一个出操常常迟到、开会常常延期的军人，根本无法在军队中立足。这样的学员即使实际上是一个很诚实的人，迟到和延期每每是出于其它的原因，但无论怎样的原因都不能成为理由，都无法弥补不准时给他带来的负面影响。

毕业于西点军校的范德比尔特先生一贯非常准时。在他看来，不准时乃是一种难以宽恕的罪恶，无论有怎样的理由都无法逃避追责。

有一次，他与一个请求他帮忙的年轻人约好，某天早晨的10点钟在自己的办公室里见面，然后再去见火车站站长，接洽铁路上的一个职位。然而，到了见面的那一天，这个年轻人比约定的时间竟迟了10分钟。结果，年轻人赶到范德比尔特的办公室时，门已经锁了，主人去出席一个会议了。

几天后，那个年轻人再去求见范德比尔特先生，被质问为什么失约，谁知他满足在乎地说："呀，范德比尔特先生，那天我是在10点10分来的！""但是约定的时间是10点钟啊！"范德比尔特先生看着年轻人的脸，认真地提醒着，丝毫没有开玩笑的样子。

这一刻，年轻人才看出了范德比尔特是认真的，于是支吾着说："但迟到10分钟，应该没有太大关系吧？"

范德比尔特先生依旧严肃地说："谁说没有关系？你要知道，能否准时赴约是件极紧要的事情。就这件事来说，由于你不能准时，就失掉了你所想往的职位；因为就在那一天，铁路部门已接洽了另一个人。而且，我还要告诉你，你没有权利看轻我的10分钟时间，以为我白等你10分钟是不要紧的。老实告诉你，在那10分钟的时间中，我正要应付另外两个重要的约会呢！"

男孩子应该明白，在做事的过程中，再也没有比准时更重要的事情了。遵守时间限制，不但是守信，也是忠诚于你与他人的约定，会赢得他人的信任和认同。总是迟到的人，是在浪费别人的时间和精力，这无异于图财害命。

没有比守时更能体现一个人的价值观了。很多年轻员工因为不能准时，失去了晋升高等职位的机会，失去了他人的信任，也在耗费时光中丢失了宝贵的光阴，而他们对自己的巨大损失竟然浑然不觉。

任何一位干练的领导者，任何一个有效率的团队，都会要求队员准时无误。因为没有一个人允许你耽误他的时间，空耗他的生命。拥有准时的习惯是拥有非凡才能的外在表现。凡是珍惜生命的人，都不肯让一分一秒的时间从自己的指缝中流走，这样的人一定能在团队中打上“能力”的标记。

劳伦斯说：“成功做事的秘诀，首要一点就是要养成准时的习惯，可是一般人的习惯往往是一再拖延。”守时就是遵守承诺，按时到达要去的地方，没有例外，没有借口，任何时候都得做到。即便你因为特殊原因不得不失约，也应该提前打电话通知对方，向对方表示你的歉意。

守时不仅是忠诚的表现，还体现了一个人的素质，代表了你的做人态度。这里，不是要告诉你守时这条原则的重要程度，是要告诉你一些它如此重要的原因。如果你对别人的时间不表示尊重，你也不能期望别人会尊重你的时间。

西点启示录

西点校友、著名咨询顾问劳伦斯：“成功做事的秘诀，首要一点就是要养成准时的习惯，可是一般人的习惯往往是一再拖延。”一旦你不守时，你就会失去影响力或者道德的力量。但守时的人会赢得职员、助手、货商、顾客……每一个人的好感。做最好的你自己，就必须像西点军人一样养成准时的习惯。

6. 绝对忠诚需要绝对的付出

对国家、团队的忠诚，不能停留在思想、口头上，而要落实到行动里。忠诚，意味着付出，并且这种付出是不求回报的。因此，一旦选择了忠诚于某个信仰、团队，就要做好付出的准备。

在西点军校，学员被要求随时报效祖国，并在知识、技能等方面不断进步，从而掌握报效祖国的本领。这种奉献、忠诚的精神，贯穿于学员的一生，所以他们无论在何时何地，面对眼前的任务都会极力做好，获得令人满意的结果。

男孩不要计较太多，首先要确立忠诚的思想，而后学习尽忠的本领，最大程度上发挥自己的潜能。只要这么做了，最后收益的肯定是自己。反之，如果付出了一些就要回报，只会压抑自己施展才华的机会，吃亏的肯定是自己。

在当今任何一个组织里，忠诚都被放到了重要位置。比如，在企业里，老板最迫切的需要是获得员工对企业、对自己的忠诚。能够做好这一点，必然赢得员工的自动自发、诚敬勤恳，企业自然会焕发生机与活力。

2002 年 9 月 10 日，在首届中国企业成功女性大会上，TCL 集团总裁吴士宏被评选为优秀企业家。这位充满传奇色彩的女性再次向我们证明了一点，忠于职守、绝对付出会得到良好的回报。

1985 年的一天，吴士宏来到了北京长城饭店的门口。她要离开原来毫无生气甚至满足不了温饱的护士职业。为此，她凭着一台收音机，花了一年半时间学完了许国璋英语三年的课程。现在，她鼓足勇气，走进了世界最大的信息产业公司 IBM 公司的北京办事处。

两轮的笔试和一次口试，她都顺利地通过了，最后主考官问她会不会打字，吴士宏条件反射地说：“会！”但是，她环视四周，发觉考场里没有一台打字机，果然，主考官说下次录取时再加试打字。

那时候，吴士宏不知道计算机为何物。面试结束，她飞快地跑回去，向亲友借了 170 元买了一台打字机，没日没夜地敲打了一星期，竟然奇迹般地敲出了专业打字员的水平。令人意想不到的是，IBM 公司却一直没有考她的打字工夫。

后来，吴士宏如愿以偿地成了这家著名企业的一名普通员工。在IBM工作的最初的日子里，她扮演的是一个微不足道的角色，沏茶倒水，打扫卫生。但是，她不仅仅满足于此，她的目标是有能力管理公司里的任何人，无论是外国人还是香港人。

为了实现这个目标，她每天比别人多花6个小时用于工作和学习。不久，在同一批聘用者中，她第一个做了业务代表。接着，同样的付出又使她成为第一批本土的经理。然后又去了美国，又第一个成为IBM在中国华南区的总经理。

吴士宏一旦选择了自己的理想，有了服务的公司，就开始了无止境的奋斗，作出了绝对的付出。到了1998年2月5日，她和微软公司正式签订了协议，出任微软中国公司总经理。1999年6月18日，从微软辞职之后，又加入到TCL公司担任要职。

巾帼不让须眉，吴士宏为男儿树立了榜样。这种为了理想绝对付出的精神，值得人们学习。人生伟业的建立，不在于认知，而在于笃行。于无穷处全力以赴，就会发现目光所及之处仍有无穷天地。

任何时候，行动是成功的关键，也就是说必须艰苦努力、勇于付出。詹姆斯威廉斯说："与其兴之所至才击节高歌，不如先引吭高歌带动心情。"一个人的行为影响他的态度，因为积极的行动能带来及时的反馈和成就感，也能带来节节成功的喜悦。切实去完成自己的意愿，就能鼓舞自己进一步获得成功。

每一个人都可以界定自己的人生目标，并制定各个时期的目标。但如果你不笃行，还是一事无成。苦思冥想，谋划如何有所成就，不能代替获得成功的实践。不肯行动的人，只能是在做白日梦。这种人不是懒汉，就是害怕挫败。

爱迪生是个实验发明家，他从不怕挫折，并把每一次挫折看作一次经验。实验、挫折、再实验……直至成功。他是靠孜孜以求的笃行而成为大发明家的。巴尔扎克开始写作时经历了严重的挫败，在父母严厉的要求下开始其写作生涯。在规定的两年之内，他败得很惨，父母断了他的生活费，他就一边谋生一边写作，虽债务缠身，仍继续奋斗，终以其宏篇巨作《人间喜剧》跻身于世界一流作家的行列。

无论是忠于国家，还是忠于团队、理想，一个人都必须在行动中落实自己的忠心，在付出中成就应有的声望。克雷洛夫说："现实是此岸，理想是彼岸，中间隔着湍急的河流，行动则是架在川上的桥梁。"

西点启示录

忠诚意味着无私的付出，没有这种魄力和实践的能力，所谓的忠诚就是虚假的。尤其是对个人来说，忠于自己的理想，就是要勇于实践，默默付出，最后获得满意的结果。

7. 面对诱惑，坚决说"不"

从西点军校走出来的人，都是精英分子。他们观念超前、知识渊博、遵纪守法，是各行各业青睐的对象。受到世人的尊崇，并且在自己的岗位上作出优异的成绩，鲜花和掌声自然也就多了。那么，西点学员是如何应对这些荣誉的呢？

面对外界的各种诱惑，必须学会说"不"。不动摇，始终坚守自己的理想；不放弃，始终牢记对国家的忠诚；不堕落，始终把持西点学员的荣誉。正是有了这种忠诚的信念，那么多西点学子才在充满诱惑的世界中坚持下来。

人生的欲望可以说无穷无尽，生理的欲望，心理的欲望，爱的欲望，被尊重的欲望，成功的欲望。它们就像一个无边无际的黑洞，何时何处才是尽头呢？欲望得到满足，人就会心情舒畅，欲望得不到满足，就会遗憾不止。

许多时候，欲望是我们前进的动力。一个人存在欲望，说明他仍然活着，在不断地追求着。然而，只要有欲望存在，痛苦也就不会离去。对于不合理的欲望，无法实现的欲望，如果不能自由地调节它们，很可能会陷入痛苦的深渊。

男孩面对外面的花花世界，太多的诱惑等着你，这时候必须区分哪些是自己该做的，哪些是自己不该做的，以及哪些是现在应该着力做好的。什么都想得到，最后可能什么都得不到。面对诱惑，学会放手，懂得放弃，是一种大智慧。

有一个小男孩，把手插进了茶几上的花瓶里。花瓶上窄下阔，所以他的手伸进去后，出不来了。

男孩的妈妈用了不同的办法，想把卡着的手拿出来，但是都没有成功。看到孩子痛苦的样子，妈妈有些着急了。她稍略用一点力，孩子就痛得哇哇直哭。

在无计可施的情况下，妈妈决定把花瓶打碎。不过，她又有些犹豫，因为这个花瓶不是普通的摆设，而是一件极具收藏价值的古董。但是，为了儿子也只能把它打碎了。

花瓶被打破了，虽然损失不菲，但儿子平平安安，妈妈也就放下心来了。她让儿子把手伸出来，看看有没有受伤。奇怪的是，儿子的拳头仍然紧握着，好像无法张开。难道抽筋了？妈妈再次惊惶失措。

后来才知道，孩子的手不是抽筋。他的拳头张不开，是因为他紧握着一个硬币。原来，他是为了拿这个硬币，所以把手卡在花瓶里的。而且，孩子的手伸不出来，并不是因为花瓶的口太窄，而是因为他不肯放手。

当今世界，纷繁复杂，充满各种诱惑的功名利禄、金钱美色等诱惑对我们每个人都是个考验。对于充满欲望的人来说，这些东西可能会令他们趋之若鹜。俗话说，苍蝇不盯无缝的蛋，自身充满了各种欲望，就难保受到诱惑不被拉下水，欲望多了，在言语上，必然是“为人只说半句话，不可轻抛一片心”；在行动上，必然是瞻前顾后，畏首畏尾，算计利害，“三思后行”。

一个人应该忠诚于最初的选择，坚守自己的梦想，当外界的诱惑来临时，尤其是当明显有违原则、荣誉的事情发生时，我们应该坚定地说“不”，丝毫不能退缩，更不能委曲求全。

每个人都有自己的行为准则，这就是以道德为规范，或以为之奋斗的目标来约束自己的行为。可是如果不坚持这种正确的行为准则而被某种外在因素误导或迷惑，不能正确把握自己的行为，就会变成这种诱惑的俘虏，悲剧就会伴随而生。所以，小心诱惑应该是年轻人的醒世格言。

诱惑的方式是多种多样的，它往往是以善良的面孔出现在人们的面前，有如童话里的“狼外婆”或化作美女的毒蛇，以巧言令色的手段使你进入圈套。雨果说过：“陷入的深渊有它诱惑人的地方，要当心它的礼貌。”眼泪是可以让人产生同情的，可它也许是从鳄鱼的眼睛里流出来的啊！泰戈尔曾经说过：“顶不住眼前的诱惑，便失掉了未来的幸福。”

诱惑会给人带来痛苦与灾难，让人遗恨千古，此种憾事太多了。有的人为了金钱、美女，而坠入诱惑的陷阱；有的人则被权力与官位所惑，招来杀身之祸。这些人之所以被诱惑，主要是缺乏一种东西——自身的“免疫力”。忠于信仰，是最好的免疫力，也是最有力的守护神。一个人只有能够掌控自己的内心，才能掌控自己的行为，进而控制自己的命运。

西点启示录

对于外物的追求，应该是与人的需要相统一的，而人也本该是自己需要的主人，是自己欲求之物的主人。但假如生出难填的欲望，放纵自己的欲望而迷失了心智，便会忘了人本身，欲求会与人的需要相脱离，反过来控制人，使人成为自己欲望的奴隶。抵挡诱惑，要求我们一要有“鉴别力”，二要有“免疫力”，三要有“抵抗力”：有了这“三力”，就能始终根据心灵的脚步前进。

礼物 4

勇气——大胆尝试，男儿闯出一片天

西点军校有个规矩，也就是所有刚刚入学的学员都必须接受一次全方位的体能训练，并且参与许多具有危险性质的运动。例如，男生要练习拳击和摔跤，女生要学习体操和游泳等课程。不仅如此，学校里的运动竞赛也是学员们的必修课程，而且每年至少参加一季可能面临受伤危险的团队运动比赛。

西点人的冒险精神可以从美国的一句流行语："勇气喜欢跟利益联姻"中看出端倪。美国人崇尚"风险越大收益的绝对值越大"的经济学原理，而这句话同样适用于每一个普通人。没有果敢的精神，没有冒险的勇气，巨大的成功将总是与你擦肩而过。

1. 成功，从来都是勇敢者的游戏

西点52届毕业生美国军火大亨杜邦公司创始人亨利·杜邦曾说：“危险是什么？危险就是让弱者逃跑的恶梦，危险也是让勇者前进的号角。对于军人来说冒险是一种最大的美德。”因此，在面临危险和严酷时，只有那些勇于挑战和直面险境的勇者，才能成为最后的胜利者。

用“勇敢”这个词去概括西点人克服困难时所表现出来的品质，是再恰当不过的了。例如毕业于西点军校的罗文中尉，他在历时三个星期的冒险传奇中，尽管无数次地面临绝境——无论是一道道深沟险壑的阻隔，还是敌人来势汹汹的的阻击，他都没有畏惧和退缩，因为他知道，没有勇敢和冒险精神的人是不可能实现卓越人生的。

西点军校有个规矩，也就是所有刚刚入学的学员都必须接受一次全方位的体能训练，并且参与许多具有危险性质的运动。例如，男生要练习拳击和摔跤，女生要学习体操和游泳等课程。不仅如此，学校里的运动竞赛也是学员们的必修课程，而且每年至少参加一季可能面临受伤危险的团队运动比赛。

每一位西点学员在这些训练中都会表现出全心地投入，并坚强地跟随着团队，追求最后的胜利，因为他们更加懂得，在追求胜利的过程中，意志和勇气是重要的前提条件。所以，虽然这些必修课程显得很严格，也很残酷，但是它却能锻炼年轻士兵的体能，最重要的是能传导给学员们一种认识：成功，从来都是勇敢者的游戏。

在现代这个多元又多变的社会环境中，市场的广阔和竞争越发明显，随之而来的风险也越来越突出。每一个生存者都将面临收益与风险的双重选择，很多人也苦恼于找不到一个危险与利益的平衡点，做起事情来总是瞻前顾后，不敢行动。因为人们总是希望能找到一个回避风险，降低损失的最佳途径。可是，这种胆怯和唯唯诺诺的行为很可能会让我们丧失最佳的胜利机会，最终在畏畏缩缩里眼睁睁地看着成功渐行渐远。

世界上有很多人的失败不是能力不够，不是意志不坚定，只在于缺乏了一点点的勇气和胆量，他们在面临危难时，往往只求稳妥，所以最终一事无成。西点人认为：在我们这一生中，有很多时候我们都必须采取勇敢的行动，这种勇敢不是鲁莽，勇敢是要敢作敢为、胆敢冒险尝试，并相信自己可以展翅飞翔。是仔细斟酌行动步骤和后果之后的大胆行动。当你把握好了这期间的分寸，你才可以真正成为一个勇敢的成功者。

每个成功者都必须具备勇敢的特质，简单的说，每个成功者都要拥有以下三方面的勇敢：

（1）自身行为上勇敢——这是指我们的言行要果断和坚韧；

（2）自身思维上勇敢——这是指我们必须从思维上有勇气接受新的概念和思路；

（3）想象上勇敢——这是指我们要具有展开新的空间和想象的勇气。

在生活中，我们常常会因为一点点可能存在的危险隐患而犹豫不决，这既是缺乏勇气的表现，也是缺乏自信心的表现。对于那些血气方刚的男孩子们来说，每个人都希望自己能成为一个顶天立地的男子汉和大英雄，能够在别人危难之际救人于水火，能够在险境中勇夺成功的机会。这是男孩子的天性，也是男孩子需要培养的精神。所以，只有敢于面对生活中的挫折，直面挑战，不怕困苦，始终抱着开拓进取、战胜困难的勇气和决心，才会在未来道路上拥有属于自己的一片天空。

因此，无论是一个渴望学有所成的学子，还是一个有志于在公司中大显身手的员工，都必须要有冒险精神，如果你惧怕失败，不敢冒险，总是求稳怕乱，并企图安安稳稳地过一辈子。那么，你将成为一个无趣而悲哀的懦夫。更为痛惜的是，你的怯懦将有可能亲自抹杀了自己的才能，断送了自己的未来，造成终生的悔恨和遗憾。所以，与其平庸地过一生，不如勇敢地去闯荡、去探索，做一个敢于冒险的英雄。

西点启示录

西点人崇尚冒险精神，而这种精神同样适用于每一个普通人。没有果敢的精神，没有冒险的勇气，巨大的成功将总是与你擦肩而过，“不入虎穴，焉得虎子”这是每一个成功的勇者创造机会，占据宝座的最佳写照。

2. 相信自己，一切皆有可能

西点军校最著名的校训之一就是：“没有什么不可能”。这一理念对西点人在智慧、性格、纪律和毅力方面的塑造起着关键的作用。例如西点军校教官约翰·哈里就常常这样教导自己的学员——“没有办法”或“不可能”使事情画上句号，“总有办法”则使事情有突破的可能。“没有办法”或“不可能”对你没有任何好处，请马上摒弃这样的想法，“总有办法”对你有意想不到的帮助，所以请把这句话注入到你的大脑中。

为了证明这一理论，教官还给学员们举了这样一个例子：

他曾经做过这样一个实验：把一只跳蚤放进一个透明的玻璃杯，

然后跳蚤立即轻易地从杯子里跳了出来。他继续把跳蚤放进玻璃杯，这样重复几次后，结果还是一样。原来，跳蚤的弹跳高度可以达到它身体的400倍左右，所以它总是可以轻而易举地跳出玻璃杯。

后来，他再次把这只跳蚤放进杯子里，不同的是，这一次，他在玻璃杯上加了一个玻璃盖。只见跳蚤“嘭”的一声，重重地撞在玻璃盖上。但是它没有因此而停下来，它一次次被撞，却一次次地尝试。后来，跳蚤为了避免撞到玻璃盖，不断地降低自己的弹跳高度。过了一段时间后，他们发现这只跳蚤再没有撞击到玻璃盖了，而是在盖子下面自由地跳动。

一天后，当他把这个盖子轻轻拿掉时，跳蚤依然保持着原来的高度弹跳着。三天以后，仍然如此，本来可以轻松跳出玻璃杯的它，再也跳不出来了。

教官想通过这个小小的实验来告诫学员：人很容易说出“不可能”，有时候我们就像那只跳蚤一样，本来是意气风发地去面对一切挑战，可是经过屡屡尝试，并未取得成果后，就开始变得沮丧，甚至是绝望。有的人开始把精力浪费在抱怨社会的不公平上，有的人开始怀疑自己的真实能力，并不断降低对自己的要求和对成功的定义。

这个时候的人们就好比那只关进玻璃杯中的跳蚤一样，面对头顶看似无法突破的玻璃盖，经过一番尝试且失败后，它就开始怀疑自己，并且为了减少撞击带来的疼痛开始降低自己的弹跳高度，最终困死在瓶子里。难道它当真不可能跳出那个杯子吗？显然不是，失败的真正原因在于它早已在心中认定自己不可能逾越那道难关，所以，同样的道理，在生活中，真正困住我们的不是眼前的阻碍，而是我们不够强大和自信的内心。

对于每一个男孩子来说，没有什么比失去信心更可怕的了。不得不承认，任何人都可能怀疑自己的能力，失败和困难都会严重影响我们的自信。因为一个人能力再大，也有力所不及的事，人们往往在遭受挫败时，会不由自主地怀疑自己，再由怀疑演变成胆怯和自卑。可是，人一旦在创造力上缺乏了自信，他将会陷入自卑的泥潭中难以自拔。

所以，尤其是作为一个面临机遇和挑战的男孩子，无论你失败过多少次，无论你与别人的差距有多么大，永远不要怀疑自己的能力。自信是你必须修炼的一种素质。因为，要想战胜强大的困难，能力不是首要的，信心才是第一位的。

敢于打破不可能的常规，常常会使你绝处逢生。因此，我们千万不可被从前“不可能”的所谓经验和教训束缚了自己的手脚。要知道，“不可能”就是横在你面前的一只纸老虎，只要你不畏惧它，只要你相信你可以战胜它，它就会变得不堪一击。

西点启示录

西点的著名教官尤夫·休斯曼曾说过：自信来自于自我尊重，一个不自信的人，是看不到这个世界的绚烂色彩的，相反，他们总是在最关键的时候，说服自己放弃目标和追求，而且，内心也变得越来越狭隘。所以，相信自己，相信一切皆有可能，成了每个人突破瓶颈，实现目标的关键所在，自信心也是成功者不可或缺的一种精神力量。

3. 唯一值得恐惧的就是恐惧本身

出类拔萃的西点学员，对于卓越的表现自有他们独到的一套定义，并会积极朝着这个目标迈进。在这个过程中，学员会逐渐发现自己的欠缺，并加以修整和弥补，然后继续努力朝着理想一步步地推进。所以，在西点学员朝卓越进军的过程中，没有什么困难是令人恐惧的，问题和阻碍也绝对不会成为他们停下脚步的原因，这份“宁可战死不被吓死”的决心也成为西点学员心中默认的卓越和平庸的分界线。

在西点军校流传着这样一句话：“如果你选择了天空，就不要渴望风和日丽。”西点需要的是通过胜利和荣誉证明自己的勇敢，而非畏首畏尾的懦夫。因为西点人一向深知，恐惧才是获得胜利的最大障碍，一个面对困境和风险畏缩不前、瞻前顾后的人是不值得拥有胜利和荣誉的。

在毕业于西点军校的巴顿身上，发生过这样一个故事：

在上二年级时，巴顿参加了学校的足球队，并拼命地练习踢球，以此检验自己是否具有足够的勇气。但一次意外的受伤，使他不得不离开钟爱的绿茵场。可是，他并没有因此而懈气，他根据自身的条件，又参加了学校的田径队，成为一名高栏赛项目运动员。此外，他的其它功课也照样抓得很紧，因为他的目光早就盯上了第一下士学员的位置，他决定挑战一下那个看似高不可攀的称号。终于，功夫不负有心人，经过一番刻苦努力，在学年末时，他不仅顺利通过了各项考试，还被任命为二年级的第二下士学员。尽管没有当上梦寐以求的第一下士学员，但他已经在慢慢接近目标了。

巴顿在校期间一直非常注重锻炼自己的勇气和胆量，在一次轻武器射击训练中，同学们轮换射击和报靶。也就是在其它同学射击时，报靶者要趴在壕沟里，举起靶子；射击停止时，把靶子放下并报出环数。轮到巴顿报靶时，他突然萌生出一个怪念头：他想试探一下自己能否勇敢地面对子弹而毫不畏缩。当同学射击时，巴顿本应该趴在壕沟里，但他却一跃而起，子弹从他身边刷地一下飞过。万幸的是，他居然安然无恙地躲过了同学射过来的子弹。虽然他没有受伤，但是他的胆量和勇气还是让同学们发出一阵阵的惊叹。他的鲁莽行为使在场的教官和同学都吓出了一身冷汗。

在那次事件后，巴顿给父亲写了一封信，信中有一句话是这样说的：“我一直以为自己是个胆小鬼，但是现在我开始改变这一看法了。”

所以，每一个男孩子要想使自己变成一个顶天立地的强者，必须克服的就是恐惧对于自身行动的束缚。要知道，真正值得我们恐惧的不是面前的状况和问题，而是恐惧本身。恐惧会使你丧失斗志，恐惧会使你知难而退，恐惧会使你低估自己的能力，恐惧也有可能使你丢失唾手可得的成功。

作为一个男孩子，只有保持了西点人的那份勇敢和坚韧，只有学习了西点人那种无畏的精神，才能够在未来的人生道路上突破一切艰难险阻，夺得属于自己的天地。

有很多时候，人们不是被困难击倒的，而是被困难吓倒的。可见，恐惧带给人的潜在影响力之大，它不仅可以毁掉人们的信心，甚至可以毁掉人们的前程。所以，从今天起，藐视苦难，无所畏惧，做一个勇往直前的强者吧！

西点启示录

在生活中，我们会因为很多事情产生恐惧心理，很多人也是因为对不可预料的恐惧放弃了本该属于自己的前程。但是西点人的成功经验告诉我们，只有不知恐惧，勇敢面对险境的人，才能真正蜕变成一个生活的主宰着。当你能够克服恐惧时，你的前方也将是一片坦途。

4. 困难来了，勇敢地迎上去

西点毕业生、美国前总统杰弗逊·戴维斯曾经说过：你别无选择，奔逃的退路上一样可能布设着陷阱、潜伏着敌人，退路往往比前进的道路更加艰难。

西点学员从进校的第一天就被告知，战场上是没有退路的，后退就意味着失败，战士们的唯一出路就是当困难来到时，勇敢地迎上去。西点人的生涯就像一支离弦的箭或一枚出膛的子弹一样，他们永远也找不到一条具有绝对安全保障的退路。

正如凯撒大帝在公元前一世纪统率军队抵达英格兰时，他就曾下定了信心，无论遇到什么情况，都绝对不退回罗马，为此，他焚毁了全部船只，也通过这种釜底抽薪的方式振奋了战士们的士气，并一举在英格兰取得了奇迹般的胜利。所以，凯撒大帝成为了西点学员效仿的楷模，培养成了西点人从不给自己留退路的性格。继而，在西点人的字典里，决不存在偃旗息鼓、怆惶收兵这样的词汇。

“一旦选择出发就不允许再回头。”这是每一个西点学员都认可的道理。因此，他们一旦下定决心，就会在积极的前行道路上竭尽全力，不达目的决不罢休。而在遇到无可避免的困难时，他们也会适时应变，调整策略，改变方法，对自身和环境做出必要的修整，决不会选择做一个保全自我，却遭人唾弃的逃兵。

西点军校的这一理念，不仅适用于培养优秀军官，也适用于培养企业人才。在第二次世界大战以后，美国的一级的企业家1500多人，总经理一级2000多人都毕业于西点军校。他们认为，单一的MBA教育是培养不出优秀企业家来的。坚韧和刚强的性格是企业家必须具备的品质，而这种品质只有从西点的锻炼中才能够有效地获得。

因此，有许多富豪愿意将自己的孩子送到西点军校来吃苦，目的不是期望自己的孩子成为军官，而是为了改造他们的纨绔习气，炼就他们吃苦耐劳的本领。西点学校也非常适应这一需要，专门为此开设了一个“特别训练班”，被称为“金融大鳄”的索罗斯的父亲于1971年出了10万美元，让索罗斯参加了这种特别训练班磨练他的意志和勇气，经过一番残酷苛刻的训练和测试，索罗斯终于在西点军营里学会了生存所必须的能力与精神，为他日后的成功奠定了不可磨灭的根基。

索罗斯的经历对于男孩子树立坚强果敢的斗争意识是非常有启发性的。正处在意气风发阶段的男孩子们可以仔细想想：是否你的能力比别人差？你为什么做得总是不够好？如果你认可自己的能力，却总是得不到充分的施展时，你是否意识到，要想成为一名成功者，你是否有西点学员不给自己预留退路的决心，始终坚信自己一定能够成功的信心，并在充分发挥自己的聪明才智时，头也不回得勇敢走下去。这些才是你将能力转化为价值的关键所在。

男孩们必须学习西点军人勇于冒险求胜的精神，在生活中首先要有破釜沉舟的勇气，去保障自己的未来，提升自己的价值，以及为更进一步的表现做好准备，也必须每天不断地鞭策自己，不断地朝完美迈进。只要你怀揣必胜的信心和勇气，你就可以比想象中做得更好。就能使自己的平淡生活迸发出激动人心的能量，当苦难不断地向你发出挑战时，恰巧也给了你不断提升和磨砺自己的机会，把握住每一次挑战，你就可以收获不一样的成功。所以，只有坚持不懈、持之以恒的勇者才会最终获得大的成功。

每一人都像是一支独立的军队，每一次为梦想的行动都像是一次出征。那些一开始就抱有退却念头的人是不可能成就大事的。因为，总想着为自己谋后路是一种意志力薄弱的表现，是一种缺乏韧劲儿和勇气的表现。他们永远意识不到，坚强的意志是战胜一切困难的利器，也是无坚不摧、无城不拔的最终法宝。

西点启示录

西点军人的冒险和一往无前的精神是成功必不可少的因素。现在有很多人都渴望成功，却往往因为缺乏这一点重要的品质，而只能看到希望，却无法实现希望。所以，我们要把西点军人当作自己行动的导师，勇敢地去挑战自己想做的每一件事，不要给自己留退路，只要有一线希望，也要向前努力进发。

5. 在逆境中寻找成功的契机

西点在对新学员进行训练时，会首先假想新学员中普遍存在的对逆境的恐惧心理。但是教官们没有让这些刚入校的年轻人平静下来，而是想尽办法来加剧他们的焦虑。因为只有加重这种焦虑感才能让这些年轻人找到理性度过逆境的方法。例如，刚刚踏入训练营的新学员大都有些爱冒险，有些冒失，而且生活经验并不足以让他们自如地应对训练中的各种阻碍和恐惧。所以，他们必须事先体验逆境带给人的磨练，并学会在一个个的逆境中实现镇定自若的自我修炼。

西点人非常清楚，每个人的成长与成功都与所处的环境，有着密不可分的关系。顺境中可以促进一个人的成功，逆境中可以阻碍一个人的成功，但是，“逆境”与“成功”并不是一组绝对的反义词，当我们身处逆境中，成功也并非是遥不可及的。当我们身处失败的逆境中，更应该懂得好好利用这段时间和经历，远离浮躁，客观冷静地寻找自己真正的“发光点”，或及时调转前行的方向，然后继续不断地完善自己，加快脚步，突破重重阻碍，这样，成功就离我们不远了。所以，西点人始终谨记：无论做什么事情，速度和时机问题不把握好，是很难取得成功的。尤其在变幻莫测战争中，形势的转变往往发生在短短的几分钟之内发生。

一位西点教员曾经说过：“我们不需比敌人快很多，也许只需一分钟。但是，早一分钟，我们就具有了优势。”这就是西点所倡导的速度法则。速度法则不仅仅强调效率，更强调机遇。在西点军校，每个学员都知道，时机是作战的关键因素，也是各种战略战术成功实现的保证。历史无数次地证明了，取得战争胜利的真正原因，或许仅仅是比敌人早到目的地几分钟，或者仅仅是在逆境中抓住了一个微小的机会，从而逆转了形势。因此，抓住最有力的时机，在第一时间将事情办好，即使身处逆境也不忘寻找机遇，是西点人交给我们的战斗法则。

机遇是可遇不可求的，是难得而宝贵的资源。抓住了机遇，就抓住了取得胜利的主动权；错过了机遇，胜利就会与你擦肩而过。然而，要抓住机遇，就要保证速度；机遇也是在速度中产生的。

在竞争激烈的社会生存环境下，要想立于不败之地，成为所处领域最卓越的一员，就更加需要奉行西点军校的“第一时间”的机遇法则和理念。如果你总是自作聪明，拖延时间，那么你的下场就像下面这位部门文员一样。

法国一家电力公司的部门经理准备赴海外公干，且需要在一个国际性的商务会议上发表演说。他身边的几名要员为了准备会议资料，早已忙得晕头转向。在这位部门经理远赴海外之际，有人问其中的一名文员杜兰德：“你负责的文件准备好了吗？”杜兰德答道：“我负责的文件是用英文撰写的，经理看不懂英文，在飞机上不可能复读一遍。所以等他登机后，我再回到公司把文件打印好电传给经理就行了。”

没过一会儿，经理就来到了办公室，问杜兰德：“你负责准备的那份文件和数据呢？”杜兰德依然按照自己的想法回答了经理。经理听后脸色大变："怎么会这样？我已计划好利用飞机上的时间，与大家一起好好研究一下报告，别白白浪费坐飞机的时间好吗？"

杜兰德的自作主张和做事拖延滞后的毛病使得他丢掉了工作，不得不说，这正是他不懂得把握效率和机会的缺陷所致。

任何时候，我们都不要像这位文员那样自作聪明。那些成功的人，无论面临多么困难和繁琐的工作，都会想尽办法，在第一时间，抓住最有力的时机来完成任务。对于西点军人来说，效率和机遇就是生命，这才是我们应该牢记和学习的精神。

男孩子在进入社会后肯定会遇到各种意想不到的处境，当你遭遇人生的低谷和命运的捉弄时，千万不可轻言放弃，要知道，逆境中也有机遇，绝望中也潜伏着希望。当你懂得在黑暗中寻找希望的出口，寻找扭转局面的机会时，你就会渐渐地脱离逆境，接近成功。

西点启示录

人生的道路，正如一条无法预测的曲线，都是要经历高低起伏的，我们必须学会在逆境中寻找到属于我们自己的成功与快乐，真正体会到逆境也是一种财富，逆境也埋藏着机遇！

6. 成功不是说说的，要放手去做

西点人比任何人都更加清楚，成功靠的不是嘴，而是腿。所以，西点学员每天都在进行新的尝试和创新。在他们看来，只有用智慧去做、去行动，才能将思想转化为价值，在这个世界上，只有想不到的事，绝对没有做不到的事。所以，要想成为一位优秀的成功者，你的心里一直要存在着这样一个信念：只要我去做就有可能会成功。如果只是说说，而不采取具体的行动，那么成功将只是一个幻影。

2001年5月20日，一位名叫约翰·赫伯特的美国推销员，曾成功地将一把斧子推销给了当时的小布什总统。布鲁金斯学会得知这一惊人的消息后，把一只刻有“最伟大的推销员”的金靴子赠予了他。这是自1975年该学会一名学员成功把一台微型录音机卖给尼克松总统后，第二位跨过如此高门槛的学员。

很多人都知道，布鲁金斯学会是以培养世界上最杰出的推销员而着称于世的。这个学会里有一个这样的传统，每期学员毕业时，学会都要设计一道最能表现推销员能力的实习题，让学生去完成。克林顿当政期间，他们出了这样一个题目：把一条三角裤推销给现任总统。八年的时间里，无数个学员为此冥思苦想，绞尽脑汁，可是最后的结果都是无功而返，直到克林顿卸任，都没有人能完成这项任务。直到小布什总统上任后，布鲁金斯学会把题目换成：把一柄斧子推销给小布什总统。

题目一经提出，鉴于前八年的失败经历，许多学员都知难而退。很多人都认为，这道毕业实习题会和克林顿当政期间一样，不会得到任何成果。因为，身为总统，抛开他们衣食无忧不说，即使真的需要也用不着他们亲自购买。

可是，就是在这样看似难以完成的人物面前，约翰·赫伯特却花了很少的时间，就出人意料地做到了。

后来，约翰·赫伯特在接受记者采访时说：我一直认为，把一把斧子推销给总统不是一件完全不可能完成的任务，因为我知道小布什总统在得克萨斯州有一个农场，里面种着许多树。于是我就决定给小布什总统写一封信，信中我这样说：有一次，我有幸参观了您的农场，发现里面长着许多矢车菊树，有些已经死掉，木质变得松软。我想，您一定很需要一把小斧头。但是从您现在的体质来看，一些小斧头又显然太轻，因此认为您可能需要一把锋利的大斧头。而我这儿正好有一把这样的斧头，很适合砍伐枯树。假若您有兴趣的话，请按这封信所留的信箱，给予回复……后来，小布什总统真的就给我汇来了15美元，买下了这把斧头。

布鲁金斯学会在表彰约翰·赫伯特时说，金靴子奖已空置了26年。26年间，布鲁金斯学会培养了数以万计的推销员，造就了数以百计的百万富翁。而这只金靴子之所以没能授予他们，是因为布鲁金斯学会一直想寻找一个不只是空想事情发展可能性，而是真正去尝试和行动的人。这个人不因别人的失败而怀疑目标实现的可能性，不因事情的难度而退缩。而约翰·赫伯特正是这样一个不把成功与否放在心里或嘴上，而是付诸到真真切切的行动中去的最佳人选。

通过上面的例子不难看出，男孩子要想成为一个出类拔萃的胜利者，就必须像约翰·赫伯特那样，像每一个西点学员那样，不因任何理由轻易放弃行动，唯有积极地去开拓思路，寻找办法，并尽快地用行动去诠释，才能将世界上很多看似不可能的事情转化为可能。

无论你身处什么样的领域，当你遇到了充满艰难险阻的道路时，千万不要左顾右盼，都要大胆地放手去尝试，因为，没有尝试就永远看不到成功的希望。

西点启示录

每个人的一生都会涌现出五彩缤纷的设想，每个人都对成功抱有孜孜不倦的追求。可是真正拥抱成功的人却是少之又少，原因在哪呢？其实很简单，成功的人大都可以依照心里的想法放手去拼搏，而失败的人则只是把理想放在心里揣摩，却从未有过一举一动。

7. 不找籍口找方法

西点军人在执行任务时有一句标志性的用语——“保证完成任务!”这一句“保证完成任务!”决不是简单的口号，而代表着一名军人对于上级命令的承诺，是勇士对责任的担当与崇敬，也是所有军人战士应该拥有的对理想的执着。所以，在西点军校中，任何命令都像是一张言必信、行必果的军令状。在人物面前，西点军人只有执行，没有借口。

西点军人在执行任务过程中，但凡遇到困难总是想尽办法去克服困难，并不惜一切代价坚决完成任务。因为在西点军人的思想里，从来就没有“借口”这两字，“保证完成任务!”更是代表着彻底地执行。这应该成为每个男孩应当具备的顽强精神。

实际上，无论在生活还是工作中，人们的借口却总是漫天遍野的泛滥。

“因为分配给我的资源不足，所以我无法完成。”

“这段时间工作过于繁重，毕竟我是一个人，不是一台机器，没有能力做到那么完美。”

“我的确做错了，可是大家不都是在这样做吗?”

“我不是不想克服困难，是因为我从来没有接受过这方面的培训。”

“如果能有一个很好的助手，我想我会做的好些。”

……

但凡种种，不胜枚举。可以说，在生活的每个角落都能看到“借口”的身影。人们似乎已经习惯于在错误来临时，立即拿借口来保护自己，对于错误本身和自身的缺陷反省近乎麻木。

执行任务无借口是西点军校200年所一贯奉行的最重要的行为准则之一，它始终对所有西点学生强化这样一个概念：每一个人，尤其是作为军人，都应想尽一切办法去完成每一项任务，而坚决不能为没有完成任务去寻找任何的借口和理由，哪怕是看看上去合情合理的借口。

在西点军人看来，“如果”和“如何”虽只是一字之差，但却代表两种迥然不同的处事态度，“如果”只会让你推脱责任，逃避困难；“如何”则是一种积极的思维方式，它促使你从失败中找根源，会积极寻找更有效的措施来解决问题。对于西点军人来说，他们总是首先考虑“如何”有效地解决问题，并从困难中找到经验和价值，并报以不达胜利誓不休的精神。而从不把时间浪费在没有意义的“如果”上。

男孩子是社会的脊梁，更是担当的象征，对于每个男孩子来说，借口尤为可怕，因为这将深深影响男孩子的心态发展和行为趋向，进而影响未来的生存和发展。对于男孩子来说，习惯性的借口会让你忘掉自己的责任，丢掉对任务的忠诚，磨灭对工作或生活的激情，最后逐渐丧失面对困难的勇气。到那时，毫无斗志的你就成了无药可救的胆小鬼，只能被动地为困难所奴役。

所以，当你遭受失败和挫折时，把注意力放在“如果”是解决不了任何问题的。最为关键的是要想到“如何”二字，以“保证完成任务”的西点军人的精神为行动标准，摆脱困境，赢得发展，才能成为最后的强者。

从现在开始，像西点军人那样，彻底把借口二字从你的人生字典中剔除。不要再做只想“如果”的人，而是要做一名只想“如何”的人。

人存活于世，首先要具备的就是强烈的责任心，这不仅是衡量一个人品质的标准，更是衡量一个人的能力和态度的标杆。所以，无论你接受了怎样的挑战，无论有多少客观因素影响了你的个人发挥，请全力以赴地去完善自己，克服苦难，而不是在事后为自己寻找开脱的借口。就像西点军人那样，把所有理由和借口都转化为坚决执行的正能量！

西点启示录

当你面临自己的失误和缺憾时，只懂得寻找借口的人永远都只能是弱者的代表，借口就成了弱者保护自己的第一武器。因此，当你发现自己正在试图为自己的失败寻找借口时，立即控制自己的想法，并将你的全部精力转到如何才能最好最快改变局势、解决困难上！

8．要敢闯，但决不乱闯

在西点军校的军事教育发展方针中，明确提出了一项培养学员“理性的勇敢”的原则。“理性的勇敢”不是那种不分青红皂白，不看形势局面的路见不平拔刀相助的鲁莽，不是那种遇到让人气愤地事便不由分说地出手相搏的盲目。而是一种理性支配下的胆识。

我们都知道，敢闯敢干是成大事者的良好品质，凡是那些行业的领头人，除了敢想，还都善于把设想变成现实。还有非常关键的一点就是，除了敢想敢闯之外，绝对要杜绝鲁莽。那么，我们应该如何区别敢闯敢干与鲁莽呢？

打个比喻，一个人要想进山洞里取一块金砖，如果那山洞里面全是野狗，或许可以选择放手搏一搏；如果那山洞里面全是老虎，要是再硬着头皮闯进去的话，就一定算是莽撞了；但假设山洞里虽然没有任何对你构成威胁的动物，可是洞内也没有金砖，那么再选择进去的话，同样属于乱闯。

任何一项事业都不会是一帆风顺，都有隐患的，但任何职业都没有军事管理者所要面临的困难艰险得多。且不说军事斗争中时刻存在的生命威胁，单说军人所承受的心理负荷之大，就不是常人所能体会的。西点学员毕业后恰恰就将转化为军队的管理者，他们的勇敢和怯懦已经不再代表者单纯的个人行为，而影响着一个整体效应，所以，他们的行动必须带有责任感，这包括勇敢。

克劳塞维茨在《战争论》中曾说：“军官的职位越高，需要深思熟虑的智力来指导胆量的比例就越大，只有使胆量具有了足够的内在力量，才不至于在追求目标的时候冒很大的风险。”西点的学员更加深知这其中的滋味。因为自从他们进入西点，就通过了一系列严酷的军事训练、体育活动，甚至包括非常危险的“生存滑降”，以此不断激发自己的内在勇敢，使他们能够在战争需要的关头无所畏惧地冲上去。

除此之外，西点在文化教育过程中，也不放松对学员智力开发和思维的训练，以不断提高学员认识问题的层次；使他们在有胆中有识，在有识中增加胆量，避免盲目和冲动的勇敢。

在西点，要想成为一位优秀的学员，魄力与胆识是两项必不可少的素质。在紧要的时刻，善于抓住时机，利用绝对的魄力和胆识，敢于闯新路、勇于攀高峰，以收获最后的胜利。下面的这位当之无愧的勇士就为我们阐明了这个道理：

在著名的查塔努加之战中，初出茅庐的麦克阿瑟所在的军队奉命向一座陡峭的高地发起冲锋，但是军队因受到对方猛烈火力的进攻而溃退下来。当时身为副官的麦克阿瑟中尉深知，被压在高地上进退维谷的境地是十分危险的，只有占领高地，才能保全自己。于是，他毅然带领3名掌旗兵冲上山坡，挥旗挺进。接着，一个士兵应声倒下了，接着，第二个、第三个士兵也陆续倒下了。

面对这样的状况，麦克阿瑟毫不畏惧地从倒下的士兵手中接过军旗继续前进，并高声呐喊："冲啊，威斯康星！"

听到呐喊声的部队成员如梦初醒，全部怒吼着冲上高地。最终夺取了战争的胜利。

后来，麦克阿瑟精疲力竭地倒在地上，烟尘满面，血染征衣。司令官谢里登奔上山顶，一把抱起这位年轻的副官，呜咽着对士兵说："要好好照顾他，他的行动是真正无愧于任何荣誉勋章的勇敢。"

男孩子常常有麦克阿瑟的一鼓作气，可是缺少的是麦克阿瑟深思熟虑，审时度势的智慧。因为乍一看，麦克阿瑟当时是在逞血气之勇，实际恰恰相反。他很清楚，被压制在火力之下的部队如果不奋起反抗，等到敌人的援军一到，他们必败无疑，只有不顾一切地冲上去才能夺取阵地。他也很清楚，这其中的牺牲也是避免不了的，但这牺牲是必要的、值得的。因此，他才有了后来的举动，成了团里真正的英雄。这才是男孩子应当从这位英雄身上学习的可贵之处。

敢闯，但绝对不要乱闯，当你凭着高屋建瓴的远见卓识、再加上果敢迅猛的冒险精神，最后当机立断地做出决策并付诸行动。成功便指日可待。

西点启示录

商人鲁冠球说："一个企业的成功是很难找到规律的，许多时候它都与机遇有关。但失败是有规律的，那就是超越了自己的能力。"凡事都要在自己能力范围之内，不能做一个有勇无谋的莽夫。当你有了胆识和眼光，哪有不成功的道理？

9. 敢于说出“我不知道”

西点著名教官托马斯·威廉斯上将这样认为——说“不知道”绝不是什么丢脸的事，丢脸的是为此而找借口，找借口的人往往不是因为他不知道，而是因为他认为自己知道。

在西点军校，学员在面对教官的提问时，只能有两种回答。——“Yes” or “No”。看似苛刻的要求，就是要让学员明白，人生只有“Yes”和“No”，绝没有更多的借口让你选择。因为，不敢承认无知或者为无知找借口就像是人与生俱来的一种劣根性。在成长的每一个阶段，都无法避开，并很自然地把它运用到生活和工作中。这对于我们的发展是毫无益处的。所以，西点一向很重视学员对于这一劣根性的纠正。

其实想想，很多事你并没有搪塞和狡辩的必要，每个人的学识和精力都是有限的，只有勇于承认自己的无知，才能找到发展的潜力，才能虚心接纳更多地知识，从而不断地丰富和完善自己。所以，在面对自己的盲点时，与其绞尽脑汁地寻找借口，不如坦然告诉对方“我不知道”。既保持了自己坦诚的态度，也给了自己学习和成长的机会。

西点 1890 届的毕业生詹姆斯·M·斯莱登的一次经历就说明了这个问题。

西点教官在一次军事理论课上，组织了一场全班的讨论会。讨论会上，教官要求每一个学员都依次发言。

轮到詹姆斯时，他很轻松地把自己的这一部分发言通过了，因为在这之前，他早已做好了充分的准备。詹姆斯为此感到骄傲，认为这节课的任务他已经顺利完成了。后来，当讨论转向另一个话题时，詹姆斯开始走神，心里正在思忖着下一节军事演练课如何可以射中多个敌人。此时，周围团队成员的发言，他也完全没有听进去。

突然，教官把詹姆斯叫了起来："詹姆斯，你对杰弗逊的观点怎么看？"詹姆斯这才回过神来。一时间，惊吓和害怕妨碍了他集中精力回忆刚才大家讨论的内容。

紧张之下的詹姆斯想：我是告诉教官自己没有什么把握，以前也没有关注过这方面的问题呢？还是直接跟教官道歉，说自己刚才思想抛锚了呢？

毕竟，这两种说辞都还算是诚实的，可是，詹姆斯最后还是被侥幸心理打败了，他没有选择任何一种，而是信口开河地胡乱说了一些不着边际的理论，想以此蒙混过关。那节课后教官并没有指责他，也没有纠正他。

直到詹姆斯毕业的那天，学校为学员们举行了最后一次聚会。聚会既让人感动，又让人不舍。最后，教官开始给每一位学员分发带有特殊意义的礼物。而詹姆斯收到的礼物，是一个可以摆在桌上的小画框，上面整整齐齐地印着教官威廉斯上将的至理名言："只管说'我不知道'。"

从此以后，詹姆斯再也没有过不懂装懂的侥幸，成为一个勇于说出"不知道"的人。

"不知道"这三个字平平常常，谁都会写，谁都会念，可真到了该说它的时候，很多人却不敢说了。为什么呢？大多是因为太顾及面子，羞于启齿。尤其是男孩子与生俱来的强烈自尊心，很容易使自己在人前表现自己的优势，同时很难在人前承认自己的欠缺和不足，更难有勇气开口说出"我不知道"。事实上，那些敢于说出不知道的人才是真正有自信与尊严的人。因为自信的人从来不为自己找借口，从来不害怕自己的欠缺被别人知道。只有那些坐井观天的井底之蛙，才会因为自卑而害怕别人发现自己的浅薄和狭隘。

心理学家邦雅曼·埃维特曾指出，平时动不动就说“我知道”的人，往往是头脑迟钝，易受约束，不善同他人交往的类型。迅速和现成的回答表现的是一种一成不变的老套思想；而敢于说“我不知道”所显示的则是一种富有想象力和创造性的精神。埃维特还说，“如果我们承认对某个问题也需要思索或老实地承认自己的无知，那么我们自己的生活方式就会大大地改善。”

因此，要想成为“西点”式的男孩子，在面对难题时，就要大胆地说出“我不知道”，并寻求最好的解决途径，让此时的“不知道”，变成未来的成竹在胸。

西点启示录

当你面对自己的知识匮乏区时，勇敢地说出“不知道”吧！这不代表了你的无知，相反，它反映了你的坦荡和智慧，只有真正的大智慧者才有勇气面对未知，才有能力去攻破无知。

礼物5

团队——没有完美的个人，只有完美的团队

在西点军校体育馆的墙上有这样一句标语："今天，在友谊的运动场上，我们播下种了；明天，在战场上，我们将收获胜利的果实。"这是对学员树立团队精神的指示。

西点人都知道，成功一定是建立在团结协作的基础上的，无论每个个体多么的优秀，没有超强的团队意识，就没有齐心协力所迸发出的强大力量。所以说，没有完美的个人，只有完美的团队。

1. 放弃你的个人英雄情结

西点军校一向崇尚团队主义，任何一个人能力再强，也敌不过团队的力量。在西点军人看来，那些存有个人英雄主义思想的人必将是死路一条。

在西点军校，一个人犯了错将由众人来承担。因为军队是一个整体，一个人犯错，就可能导致整个军事行动的失败。所以常常因为一个人犯错，而全体队员一起受罚。只有这样的纪律，才能保证大家的身心时刻处在一种集体观念下，避免任何个人英雄主义情结的产生。

其实避免个人英雄主义情结的重要性体现在各个领域。拿企业的例子来说，在每个企业老板的创业初期，往往离不开老板的魄力与胆识，更离不开以老板为核心的一批创业英雄。而要想成为一个英雄式的创业人物必须具备大胆、敏感、高悟性、丰富人际资源等，只有这样才能够寻找到商机，创造出成功的业绩。可以说，企业的起步到崛起，每一步都离不开这些核心人物的个人魅力和素质。但是，企业要想获得永续发展、基业长青，过分依赖领袖人物的作用，那就很危险了。

然而，很多大老板不愿意放弃自己的个人英雄主义情结。因为，那种支配资源、控制全局的感觉会让每个老板产生精神亢奋，也能让每个成功创业的人获得满足感和价值感。尤其是对于那些白手起家的人来说则更加严重，他们大多是摸爬滚打、艰苦奋斗了几十年才有了今天的成就，所以，要让他们放不下英雄主义是很难的。

实际上，除了老板们对这种英雄主义有“瘾”之外，还与员工对这种白手起家、个人创业成功英雄的崇拜与信任有关。一个公司从无到有，本就是一件非常不易的事，而在公司初期的成长过程中，老板担当了一个非常重要的角色。也是在这个过程中，员工逐渐积累起对大老板的崇拜与服从，而老板的个人英雄主义就是在这些土壤的支持下生根与发芽的。

所以说，企业要想获得健康发展，最害怕的就是整个公司的员工太相信老板的话。如果老板选错了路，跳进了火坑，那就意味着整个公司将跟着他一起走向毁灭了。因此，在不同发展时期，在企业的运作方法不完全一样的情况下，老板要解决的主要问题也不完全一样。一旦企业走过初创期，老板就必须敢于舍弃自己头顶的光环，把个人英雄情结埋入心底，这样才能理智地把握好企业的未来。

而西点军人认为，人的一生其实跟一个企业的生命周期是一样的，企业希望能基业长青，就要淡化英雄人物个人的影响。个人要想获得长足发展，更要淡化个人英雄主义的膨胀。

相信每个男孩子在小的时候都有过对英雄的崇拜和向往，那种万人敬仰，呼风唤雨的快感是每个男孩子心中最大的渴望。然而，当个人英雄主义真的被你应用在生活中时，也就成了你固步自封，停滞不前的开始。所以，放弃个人英雄主义情结是每个男孩子必须懂得的道理，是每个男孩子必须理智对待的情结。

这个世界上，每个人都有自己的优势和劣势，没有谁是独领风骚的王者，也没有哪一个人可以独揽天下。好比在非洲的草原上，如果你见到羚羊在奔逃，那一定是狮子来了；如果见到狮子在躲避，那一定是象群发怒了；如果见到成百上千的狮子和大象集体逃命，那就意味着整个蚂蚁军团来了。由此可见，那些抱有个人英雄主义的人是何等的愚昧和狭隘，这样的人很难去开发自己，完善自己，最终困死在自己制造的美梦里。

西点启示录

英雄是某个领域的佼佼者，却不是供人们朝拜的完美者。每个人都有自己的发展空间，盲目的个人英雄主义情结者，将被过去的光芒遮蔽了前方的路，最后在英雄的美梦里一睡不醒。这是每个拥有发展潜质的人最大的悲哀。

2. 一个人不可能演奏出协奏曲

西点军人一直奉行，舍小我，为大我的思想。在西点的每一位学员都要学会怎样与他人紧密的合作。如果单凭个人力量，一个军队就无法建立。军队作战和实施一个战略需要很多人的支持和参与。不管你在组织内担任何种职务。都必须明白怎样最好地激励身边的人，并尽可能地与他人协作。所以，每个西点学员都应该运用建设团队的技能，将自己看成是团队中的一分子。否则，一旦“我”变得比“我们”更重要，整个军队的关系网和战斗力就会受到损害。

西点82届学员、西尔斯公司的第三代管理者，罗伯特·伍德曾说过：“不论再强大的士兵都无法战胜敌人的围剿，但只要我们联合起来，就可以战胜一切困难，就像行军蚁（美洲的一种食人蚂蚁）一样把阻挡在眼前的一切障碍消灭掉。”

西点人有着共同的价值观和共同的目标，尤其懂得荣誉守则是团队合作的基础。西点尽力加强学员的团队精神，让他们了解共享一切的重要性。在西点，永远没有个人的行为动机，只有团队的目标。为了增强学员的团队精神和凝聚力，学校特设了巴克纳野战营来达到实训的效果和目的。

巴克纳营的训练有一项排除障碍的课程，其用意是让学员自己去体会团队合作的根本障碍，并共同想出解决的办法。其中一项活动是让学员 6 人一组，爬上一个 4 级台阶的平台，每级台阶间隔 2.7 米，每个人都必须爬上去再爬下来。当学员们站在地上，看到这个 10 多公尺的高台时，心里就已经非常清楚，不管用什么办法，一定离不开团队的合作完成。

另外一项训练是把学员分成每组 35 人左右的几个小组，并在几个小时之内完成组合桥梁的任务。这种组合桥，每一块桥面和梁柱都要有几百公斤重，光是要抬起桥面，就必须要一群人的力量才可以完成。

巴克纳营的演习是紧张而残酷的，但每一项任务从一开始，就让学员们自主意识到了团结的重要性。其目的也是要让每一位学员在演习中体验到团结的力量究竟有多大。这种在实际行动中所亲自体验到的团队力量，比长篇大论分析团队合作如何增强个人的力量，要管用得多。

团队合作的意义，不仅在于“人多好办事”，而在于通过团队来实现对个人力量的整合，从而凝聚成一股强大的动力。国际 21 世纪教育委员会在呈给联合国教科文组织的报告中这样说：“由于竞争成为日常生活中各个领域中一种无处不在的现象，团结互助就显得尤为重要了”。由此看来，现今社会对合作精神的需要更加迫切了。俗话说，“一个和尚挑水喝，两个和尚抬水喝，三个和尚没水喝”这正反映了一种合作精神的缺失。如果一个团队没有团结协作的意识，那么就会落得人越多，水越少的下场。

我们都知道，每到秋天，大雁都会从寒冷的北半球飞往温暖的南半球过冬，可是由北往南的路程有一万多公里，大雁们一路上要遇到各种意想不到的困难和阻力。但每一年，大雁们仍然能够成功地飞越千山万水，到底是什么力量让它们弱小的身躯抵抗住风雨的阻隔呢？答案其实很简单，是因为大雁与生俱来的团队精神的作用结果。

大雁总是成群结队地飞翔，领头位置会有一只大雁承担很大的气流阻力，后面位置的大雁按照“人”形排列，有时也排成“一”字形，以减少气流的阻力，节省大家的体力。一段时间后，领头的大雁又会排到后面，由另外一只大雁接替领飞。这样，大雁们通过集体协作，最终就共同飞向了温暖的目的地。

事实上，每一个男孩子都像是一只孤独的大雁，你要想飞跃阻碍，获得成功，单靠自己的力量根本无法完成。唯有通过集体的智慧与力量才能实现。

西点启示录

一个再伟大的英雄也不能代替整个团队，一个技艺再高超的演奏家也替代不了整个乐团的协奏。竞争总是与合作并存的，越是激烈的竞争，越是需要相互之间的协同合作，合作是个人和集体发展的必然方向。

3. 信任伙伴是团队合作的开始

西点军校的第一任校长乔纳森·威廉斯曾说：“对团队伙伴的信任是团队赖以生存的条件，没有这种条件，团队就会完全萎靡不振。”西点人认为，指挥官与下属之间，军人与军人之间的信赖、忠诚与尊重是实现团队合作的最根本的保证。

此外，西点人十分清楚，信任也是实现团队合作的基础和前提，它不仅能够提高团队合作的效率，还能让大家把焦点集中在同一个工作核心上。西点人深知，一个团队的成员之间如果缺乏信任，那么队员们的注意力就可能被分散，不能齐心协力向目标奋进，并很容易导致小团队利益和个人利益代替了团队利益，那后果将是不堪设想的。

在西点军校，大家所信奉的是："团结起来创造一种集体观念的气氛。"所以西点的学员们总是自觉地帮助学习较差的同学进步，如果某学员的车坏在路上，他们的伙伴也一定会第一时间伸出援助之手，不管认识还是不认识。这都成为西点军人的一种基本素养，是西点军校在潜移默化中形成的习惯。因为在他们看来，缺乏互助与信任的团队是可怕的，从面的例子中就可以体会得到：

威尔逊、卡尔、里迪三人因为被困在沙漠之中，已经三天三夜没有水喝了，为了避免渴死，他们决定分头去寻找水源。又为了彼此走散或迷路，他们约定：一旦某个人发现水源或需要帮助，就向天空开枪，其它两个人便会及时地赶来。

威尔逊带上手枪和各自分发的5发子弹，独自向东出发寻找水源。当威尔逊走了大约有5公里时，他已经口渴地走不动了。火焰般的太阳毒辣地烤着大地，威尔逊心想："我现在应该赶快鸣枪叫他们来救我，不然我非死在这鬼地方不可。"于是，他拔枪朝天打了第一枪。

枪响过后，威尔逊并没有盼到自己的队友来救助自己，他以为是另两个队友没有听到自己的枪声，于是他朝天空开了第二枪。

第二枪响过好一阵子，仍不见有人到来，威尔逊开始着急了，心想："他们肯定听见枪声了，却不来救我，这一定是他们两个计划好的一场阴谋。"威尔逊越想越气愤，于是决定往回走，并随手朝天开了第三枪。

第三声枪响过后，威尔逊加快了往回走的步伐，并在心里咒骂起同伙来："这些谋财害命的家伙，设计好了圈套让我来钻，我死了，他们就可以分我的财产，抢占我的房子。我要诅咒他们全部热死在沙漠。"想着想着，他又开了第四枪。

第四声枪声响以后，威尔逊觉得自己就像被困在沙漠之中，孤身独斗的恶狼，丝毫看不到希望，绝望的他打出最后一枚子弹。

当威尔逊的同伴带着寻找到的泉水，汇聚到枪声响过的地方时，发现他早已倒在地上，原来，他把最后的一颗子弹射进了自己的头颅。

这无疑是个悲剧，一个本来可以避免的悲剧。可以说，威尔逊不是被沙漠害死的，不是被渴死的。而是被他的不信任杀死的。因为他不相信自己的同伴，因为他没有凝结在一起的团结精神，导致了他最后的悲愤与绝望。

在西点，训练有素的学员是不会出现这种情况的，他们总是充分信任自己的伙伴，他们知道，只有信任才能保证团队最强大的战斗力。

同样，对于一个男孩子来说，在与人的相处过程中，信任同样扮演着重要的角色。例如当你处在一个长期运作的组织中时，最关键的就是要建立起成员间的彼此信任。没有信任就没有合作，没有合作就没有团队，没有团队精神就意味着这个利益共同体迟早要被淘汰，到那时候，个人的利益同样不复存在。所以，男孩子要想成为一名成长在优秀团队中的优秀成员，首先要先懂得信任你的伙伴。

信任是人与人融洽相处的根基，互信能够促进彼此间的沟通和协调，互信还能够帮助我们脱离险境，收获成功。缺乏信任，只会让团队充满了猜忌和利益纷争，最终全军覆没。

西点启示录

我们必须懂得信任伙伴并赢得伙伴的信任，要懂得诚实、正直、不欺骗、不夸大，及时地与别人分享信息和资源。要知道，真正成功的人不是靠技巧，而是靠内在的品德修养。真正成功的团队，靠得不是策略，而是彼此间的信任与支撑。

4. 要竞合，不要竞争

没有哪个组织能比西点军校更加强调队员自力更生的能力，也没有哪个组织比西点军校更加重视团队精神。这种理念表面看上去很矛盾，实际上正是一种相辅相成的关系。也就是说：每一位西点队员首先必须尽可能地积累自己的知识，丰富自己的技能，以及足够的独立生存能力，然后才能做到为自己的团队出谋划策。

在西点新学员的训练过程，同时是一个自我发现的过程，因为每一名新学员都要应付面前的挑战，都要尽量挖掘自己的潜质，这是培养团队意识的开端。事实上，从协同工作中得到的精神力量是自下而上的。西点的团队精神从一个进攻小组的3名学员开始，之后他们的热情会与其它小组合并，通过横向和纵深发展，遍及所有的学员。新学员在此过程中意识到，自己必须首先取得个人的成功，才能对自己所在的团队有所裨益；无论是对组、对班、还是对排，甚至是更大的队伍来说都是如此。所以，西点的每个基本训练项目的基本宗旨是在提高团队活动的效率，并通过竞争式的训练，实现竞合的目的。

所以，即使是最传统的"单人"活动，西点也对其进行了修改，以促进团队合作和竞争意识。例如西点从前的角力棒搏击本是绝对的"一对二"的比赛。由来自不同排的两位选手头带橄榄球头盔，相互对峙，等哨音一响，便用角力棒展开搏击，直到其中的一方被"击毙"为止。而现在，西点学校将其改成，两队新学员围成内外圈，士兵不仅要知道如何为自己而战，更要知道如何保护自己的同伴。如果这期间同伴被"击毙"，剩下的士兵则不得不代表全队与敌人作战。这样，学员就能够在竞争中学会了团结，在防卫和攻击中学会了合作。

哈佛商学院教授罗莎贝斯·莫斯·坎特曾说："把你的竞争对手视为游戏的双方而非敌人，将会更有益。"

在当今的社会生存环境中，经济规模和市场进入门槛条件，以及进入后的资金运作方式已经发生了根本改变。这种形势下，已经不适合原始竞争，不适合长期的自然过程的竞争。美国公司界有这样一句名言："如果你不能战胜对手，就加入到他们中间。"当竞争越来越激烈，越来越残酷的时候，竞争也就变得越来越智慧，越来越理性。最重要的是，竞争不再是"你死我活"，而是更高层次的竞争与合作，追求的不再是"单赢"，而是"双赢"和"多赢"。

例如，新加坡航空公司、瑞士航空公司与美国德尔塔航空公司之间达成协议，三方协调航班，分派预订机座、维修保养及地勤服务等事务，既降低了彼此间激烈竞争的"磨擦"费用，又可共享垄断带来的巨大利润。这种联盟有效地克服制造商和经销商各行其是，各自为战的弊端。还比如英特尔公司异常注重其产品的经销商——电脑公司及软硬件商的密切合作，IBM、微软公司都是其合作伙伴。实行这种整合方式可以避免两败俱伤的发生，从而最大限度地实现资源共享，避免了竞争导致的资源浪费。

由此可见，与竞争对手的联合与共享、共生与共荣早已成为现代竞争的主流。它不仅可以在竞争的市场环境中，打破原有的生产空间、技术独占的限制，实现供给和需求资源的自由对接，还可以创造新的利润空间，并将合作伙伴先进的思想、技术和经营战略，吸纳到自己的体内。

所以，男孩子们必须从中汲取经验，无论你处在哪一阶层，团队都绝不是你的避风港，竞争也代表不了战斗力。你必须像西点的学员那样，时刻表现出积极进取，不断向前推进的态势。并学会与同伴间的相互掩护，相互促进，从而更快速地实现最终的目标。

西点启示录

把成绩或利益这块“蛋糕”做大，既是目标又是解决问题的最佳方式。所以，你的利益实际上就是我的利益，就是大家的利益。当合作有了发展，合作个人就都会因此而发展。所以，这就需要每个人都要有以大局为重的认识，注意义、利并用，在竞争与合作中寻求属于自己的那片天空。

5．团队利益高于一切

西点军校著名将军巴顿说：“每一次军事行动都要有清晰、明确和现实可行的目标。”这句话所要说明的不只是一种军事策略，更强调了在行动之前，对于利益和目标的一致性。当每个人都一致的认可了团队利益，并信奉团队利益高于一切时，才有取得胜利的可能。

西点军校在培养现代型的管理者时，为了避免管理陷阱的发生，他们实行的一个最主要的训练策略就是创造一个团队“共同的敌人”，以此激励众人团结起来打倒它。例如，西点新学员可以以学长为“共同的敌人”，建立起新学员的奋发精神。

其实，这种“共同敌人”的寻找，是建立了一个假想的团队目标，并对“敌人”进行了重新的定义。只有这样才能最大限度地激发学员的团队荣誉感和协作力。因为，战争的最终目的就是消灭敌人的有生力量。为了达到这个目的，西点军校指挥官制定了一系列硬性目标，如，攻占关键城市、交通要道，而且各级部队要协同作战，共同完成任务，实现团队利益。由于团队目标的一致性，团队成员总是能高效地完成预期分配的任务，实现了团队的整体利益。

我们都知道，要想将一群人组建成一个团队需要团结的力量，更需要在利益和方向上达成共识。这种共识和利益一致性将大大推动学员达成目标的主动性，因为当团队所追求的目标对每一个成员都很重要时，整个团队的气势也将大大增加，整个团队对于实现目标的渴望就更加的强烈。

所以，如果你是管理者，就必须能为团队制定共同的利益目标。如果你是团队成员，就必须懂得团队利益高于一切的原则。相反，如果管理者或队员只强调个人的工作绩效，而忽略了团队的整体效益，那么团队的目标将出现分支，人们的力量和决心也会出现分散和弱化。对于团队和个人利益的实现都势必产生阻碍。所有的员工自然必须更努力去达成团队的目标。

例如，一个球队就是一个再典型不过的团队了，足球队一般由前线、中场、后卫、守门员构成，球队的共同利益和目的就是要赢球。可为什么我们常常看到同样的球员组成，换了不同的教练，成绩就会有很大的差别呢？

原因就在于，当教练换了，球队所遵循的训练方法和原则也就因此变了，这会影响整个球队的风格和士气，甚至是整个球队对于团队的利益认识。

既然一个足球团队的共同目标就是要“赢”，那么，团队的所有成员都要认同这一共同利益和目标，并自觉遵循为达成目标所设定的一切规则和程序，所有成员都必须知道维系一个良好的团队的方法是什么，自己的任务又是什么，以及如何协调与队员的合作，这就是管理者需要掌握的方法。

对于西点学员来说，他们十分尊敬那些为建立国家而英勇斗争的人们。不仅是因为他们的勇气和自我牺牲精神，更佩服他们的远见卓识和团队利益高于一切的使命感。因为他们知道自己在为一个有潜力、能为人民创造幸福的国家而战。而这一团队共同的目标使他们产生了无限的力量。这种力量无论对个人还是国家来说是不可或缺的。

男孩子在人生道路上会遇到各种展现自己的机会，也难免会为了突出个人作用而忽略了团队利益。所以，从现在起，每个男孩子都必须懂得把自己的利益放置于集体利益之后，当你明白团队利益高于个人利益时，你个人才能也将会通过团队这个渠道发挥出更夺目的光彩。

团队利益的实现需要个人利益的牺牲，优秀的人总能把团队的利益放在个人利益之上，这是完成任务，实现自身价值必须付出的代价。正如为了完成任务，西点学员可以先牺牲个人的目标，来配合队员实现团队的共同目标。这也是每一个人必须具备的优秀品质。

西点启示录

国家利益高于集体利益，集体利益高于个人利益。从此我们可以看出，所有个人的利益均包含于团体利益之内，如果没有团体利益的实现，个人利益也不会得到长久的发展，所以，无论你的目标是什么，你都必须把自己的目标放在集体目标之下，并坚持团队利益高于- 切的原则，只有这样你才能收获最终的成功。

6. 共同承担错误

在西点，基础训练并没有传统意义上的公平和公正。例如，很多学员会在没有犯错的情况下受到严厉的斥责，平白无故地受训斥。这是为什么呢?

原来，在西点，每个人都不是完全独立的，他们一旦走进了西点军校，就意味着他们跟这里的所有学员都有着千丝万缕的联系，每个人的荣誉和罪责也都不再由自己承担，而是由所有学员共同承担。例如，如果有人在操练和射击时没按指令做好，或着有人在集合时迟到，那全排的学员都得和违犯纪律的学员一起到操场上去接受惩罚。如果有人跑步时没有跟上步子，那么，其它所有按时跑完的学员也将因此受到牵连。如果有人在训练中不慎掉了步枪，那其余的战友就得一并接受教官的责罚。

你一定认为，让没有犯错的人为那些做错事的人承受责罚，是有悖公平和道德的行为，那些没有犯错的人会因此蒙受委屈或损失。可是，年轻的西点队员们在通过这种痛苦的训练规则的洗礼后却并不这样认为，因为他们都不约而同的从中懂得了一个道理：一人的错误可以影响整个团队。所以，在战斗中，每个人都必须为其它任何一个人所犯的错误而付出代价，这既加深了每一位学员对错误的认识，也督促了每一位学员为维护集体利益而增加自我约束力。

其次，西点军校还以一种极有说服力的方法宣扬这种共同受罚的制度。军长会让不幸的犯错者连续好几个小时面对那些极不耐烦的队友们。让队友教他如何操练，告诉他如何组装手枪，以及如何完成好训练科目等等。虽然这会让犯错者承受巨大的心理压力和体力支出，但“共同受罚”的观念确实在西点的整体塑造上起了很大的作用。

不只在军队中，在公司管理中也有类似的文化。例如公司管理者会用一种相对温和的方式将其运用在一些失职的员工身上。方法之一便是进行一些需要完全遵守规则才能获得胜利的比赛。在公司内部制造一种警惕气氛，利用这种机制促成“好”员工与“坏”员工相互交流学习，避免员工间各司其事，互不过问的情况。或者是在没有管理层在场的情况下，团队每月举行一次会议。会上可以给制造麻烦的员工谈谈他这样做的后果，告诉他所有员工都因为他不负责的行为受到了惩罚。这样，团队精神训练、团队合作的意义，就可以在员工之间得到更好的渗透。

如此一来，当公司中的每一个人都能为了避免团队因为自己的失误而遭受惩罚或损失，而把精神心力百分之百地用在工作上，也就减少了他们在相互倾轧和彼此对立、互相掣肘上的精力，公司的工作效率也会大大提高。

现代年轻人，尤其是男孩子，普遍表现出的一种自负和自傲的姿态，这使得他们在融入环境方面显得缓慢和困难。由于他们缺乏团队合作精神，和利益风险共担的意识，而只愿意自己埋头做，不愿和其它人一起想办法，最终使个人从集体中分离出来，得不到团队的支持，也就很难得到快速地成长。

事实上，一个人的错误影响的不只是自己的利益，更是整个团队的努力，一个人的成功也不是真正的成功，团队的成功才是最大的成功。对每一个人来说，谦虚、自信、善于沟通、善于协作是非常重要的。

所以，如果你想在团队中实现自己的价值，达成团队的目标，就必须时刻处在利益和风险共担的意识中，始终把个人的一举一动放在集体利益下来思考，这样你就会提高自己的办事效率，也会增加自己的责任感和担当力。

西点启示录

利益可以用来分享，错误同样需要共同承担。当一个与你处在同一个团体中的人犯了错误时，不要认为与你无关，也不要急于撇清彼此间的关系。要知道，一个优秀的团队，只有做到风雨与共，错误共担时，才更能激发出每一个人的战斗力和责任心，从而更快更好地实现最终的目标。

7. 选择“我们”，放弃“我”

一个人再强大，也不过是沧海一粟；只有当他融入一个优秀的集体中，他才能够享有大海的广博和荣耀。正如每一位西点学员都拥有着对团队强烈的归属感一样，他们永远都只看重西点学院里的“我们”，而忽略每一个独立的“我”。

在西点，教员们都会对每一位新学员进行这方面的教育，目的在于让他们懂得：一个人的能力是有限的，当一项任务远远超出个人能力所及时，进行团队协作就势在必行。

西点军人的团队不仅能够完善和扩大个人的能力，还能够帮助成员加强相互理解和沟通，把团队任务内化为自己的任务，真正成为团队的主人，这样团队才会战胜一切困难，赢得最终的胜利。作为这样的团队成员也会在团队协作过程中迅速地成长和强大起来。

西点人从不将自己禁锢于一个狭小的圈子里。他们明白，作为团队中的一分子，如果不融入群体中，总是独来独往，唯我独尊，将无法得到友情、关爱和尊重。西点人更深知，具有独立个性的同时，必须融入群体中，才能促进自身的全方位发展。而且在一个“我们”的环境中，懂得真诚平等地与人相处。因为不管是自己的同学，还是长官，周围的每个人都可能对自己未来的事业、前途产生关键性影响。此外，融洽的集体氛围还可以使身边的人感到愉快，从而提高军队得士气。

西点人总是最大限度地将自己融入团队，每个优秀的学员都知道，只有在团队中才能最大程度地实现个人价值，绽放出绚丽的人生。

认识自己的不足，善于看到别人的长处，是具有良好的团队精神的基础。

在团队中，每个成员的优缺点都不尽相同，你应该融入到这个大的“我们”当中，去积极寻找团队成员中积极的品质，并学习它，让自己的缺点和消极品质在团队合作中被消灭。这是西点学员在接受训练时，教官们最为强调的一点。由于团队强调的是协同工作，较少有命令和指示，所以团队的行动气氛很重要，它直接影响任务完成的效率。

西点的学员们还会时常检视自己的缺点，并思考自己的缺点在作战时是否可能被人忍受，是否影响团队的成长。这些都是西点军人强烈集体观念的体现。

要想具有团队精神，就离不开团队的归属感，就离不开选择“我们”放弃“我”的勇气。强烈的归属感可以改变一支弱小队伍的气势，造就出一个个真正的英雄。

艾德勒从西点毕业后应聘到一家制衣公司，这家公司当时已经亏损达2000多万美元，公司连给员工发工资都成了问题。艾德勒想，既然自己已经来到了这个公司，就要为公司服务，就一定要设法把公司从困境中解救出来。这种强烈的归属感使他主动找到上司，两人开始为公司的崛起分析形势，制定策略。最终，他们觉得首先应该转产，因为一个公司的生命力在于其不断创新的产品。他们决定把生产成人服装改成适合儿童需求的特色服装。

按照两人的计划，新服装上市后便掀起了一阵购买狂潮，服装供不应求，艾德勒也在公司里站稳了脚跟，上司决定提拔他，让他负责分管新产品开发的工作。

作为男孩子，最需要的就是荣辱感和责任感，如果你对所在的环境缺乏强烈的归属感，总是不思进取、放任自流、不愿付出，当团队出现困境时置身事外，不想如何拯救团队，而总想另谋出路，脱离现有团队。这样，你会在自己的职业生活中走很多弯路，永远也找不到适合自己发展的空间。

西点启示录

纵观那些历史上的伟大人物，无一不具有强烈的团队合作意识。他们都注重团队成员间相互依存、同舟共济，互敬互重、彼此宽容、尊重个性的差异；彼此间是一种信任的关系、相互帮助、互相关怀，大家共同提高；利益共享、责任共担。这才是真正选择“我们”，放弃“我”的最好体现。

8. 合作更能展现个人的才华

每一位初入西点的新学员也许都并不具备很强的合作能力，但是这都不重要，在西点新兵训练营中的经历，会使他们重新发现自我，因为每一名新学员要应付初学的挑战，都必须尽快地挖掘自己的潜质，而这些都是培养团队意识的开端。

西点军校通过这些训练让新学员意识到，他必须服从于团队，才有取得团队成功的可能，才有展现个人才华，实现个人价值的可能。

西点人十分注重相互协作，他们深知只有合作才能发展，单纯依靠个人自身的才能力量是不能够真正强大起来的。所以，无论是在军队的日常生活中，还是在对抗演习的实际战斗中，西点学员都是合作完成任务的。通过不断的训练，他们不仅切身体验到团队的力量，而且逐步提升了自己的个人能力。

所以对个人来说，同样要有意识地对自己进行团队精神的提升训练。团队协作不仅对个人素质有较高的要求，而且对知识和技能也有一定的要求。这就是重视团队合作能力的益处所在。

相互协作的能力并非为人类所独有，机警的狼群同样深谙此道。狼群与乌鸦之间的合作，就是其中的一个例子。

乌鸦作为优秀的高空搜索者，当它在高空发现猎物时，便会把消息传达给狼群，然后，狼群会带领两个不同的族群到达猎物所在的地点。此时，野狼强壮的爪子可以帮助乌鸦撕开猎物的躯体，为彼此提供充足的食物。

整个过程里，狼群扮演着剖开猎物的刺刀角色，乌鸦扮演着传达信息的侦察兵和清理食物残渣的角色。这种合作关系，不仅是对它们在恶劣生存竞争中的考验，也让它们各自的才能得以展现。

这就是合作对于个体的重要性。

那么对于男孩子来说，作为团队中的一员，你究竟应该在哪几个方面培训自己的团队合作能力，并使自己的才能在团队中得以展现呢？

（1）寻找团队积极的品质

团队的气氛并不是取决于某一个人的品质，而来自于多数优势的品质。只要去寻找积极品质，优秀品质才能潜移默化地形成于自己的素质当中。

（2）尊重并欣赏你的团队伙伴

每个人都有被别人重视的需要，对于具有创造性思维的知识型人才来说更是如此。有时一句小小的鼓励和赞许，就可以使他们释放出无限的工作热情，可以瞬间提升整个团队的热情，也容易使自己得到别人的认可。

（3）及时检讨自己的缺点

时常检查一下自己的缺点，比如，态度是否端正，言辞是否得当。在单打独斗时，这些缺点似乎对自己的发展没有多大影响，但如果是在团队合作中，它会成为你成长的绊脚石，会让你在无意中失去团队的认可。

因为团队工作需要的是成员间的相互磨合，如果你无视他人的感受和意见，固执己见，总是无法和他人达成一致，团队的工作就无法进行下去。你必须知道，团队的效率在于配合的默契，如果达不成这种默契，团队合作就不可能成功。

（4）培养自己的亲和力

你要是想得到大家对自己的支持和认可，就必须要培养自己的亲和力，给大家接近你的渴望。所以，平日里，除了和大家一起共事外，你还要尽量和大家一起去参加各种活动，主动关心大家的生活。总之，要让大家觉得，你不仅是他们的好队友，还是他们的好朋友。

（5）足够的谦虚

谁都不喜欢骄傲自大的人，这种人在团队合作中也不会受到欢迎。如果你觉得自己在某个方面比其它人强，但千万不要以此当做自己骄傲的资本。因为团队中的任何一位成员，都有自己的专长，只有始终保持谦虚的态度。将自己的注意力放在他人的强项上，你才能看到自己的不足。才能在团队中不断地进步。

西点启示录

协作永远是在别人收益的同时，自己也颇受裨益，是一个共赢的过程。而只顾自己，不让别人受益的人，自己也不会得到任何益处。只有懂得协作的人，才能明白协作对个人，乃至整个团队的意义。一个放弃协作的人，就等于放弃了成功。

9. 做团队最强的个体

西点著名将军丹尼尔·赖德认为，人们应当重视团队合作的效益，但是如果一味地依靠团队，那么等于没有团队。所以，每个身处团队的个体必须努力争做团队中最强的个体。

挑战最困难的战斗任务是西点学员最光荣的事，这同样也是他们的职责。西点英雄们在最困难的战斗中，表现出了作为一名战士的真正风采，他们也因此成为团队里最重要、最强大的人。法国杰出的政治家和军事统帅拿破仑一直为西点的学员们推崇，尤其是他在团队精神方面所体现的表率作用更被视为典范，而发生在拿破仑身上的很多故事也被每一个具有团队精神的西点学子所学习和效仿。

拿破仑在年轻时的一次郊外打猎中，突然听见有人喊救命，于是他快步走到河边一看，见一男子正在水中挣扎呼救，却没有丝毫自救的行动。其实，那条河并不宽，自己努力一下，就可以触到河岸。拿破仑见状并没有对他施救，而是端起猎枪，对准落水者大声喊道：“你若再不自己游上来，我就把你打死在水里！”那人见求救无用，反而更添一层被打死的危险，便只好奋力自救，终于游上岸来。

另外一件事，是拿破仑当了皇帝以后发生的。

一天清晨，在花园中散步，迎面走来一名肩负很重的物品的士兵，挡住了他的去路。这时宫廷的侍卫长忙喝令这个士兵赶快给拿破仑让路，拿破仑忙阻止说：“不要这样，请尊重负重者。”接着，他主动给负重的士兵让开了一条路。

从这两个小故事里可以看出，如果只有自己才能够拯救自己，也只有自己强大了才能得到别人的尊重。

在团队里，如果一个成员遇到了棘手的问题，他往往会不自觉地找到上司，或者直接把问题抛给队友。当然，领导的确要比你更有解决问题的能力和优势，但这确是一个愚蠢的做法，尽管这样的做法会有眼前的效果，却会扼杀了你的思考能力和斗志。

西点认为最出色的学员必须具备坚定的毅力和一马当先的胆色；所以，能与团队同舟共济，又成绩斐然的队员，才会受到团队和领导的青睐。

如果你想得到重用，那么无论你在团队中充当什么角色，都必须比其它人做得更出众，这也是你获得成功的唯一方法。任何人想具有不可替代的地位，就必须拿出出色的成绩，那是谁也抢不走的“硬工夫”。

西点中的团队，无论是在演习还是战斗中，每一个队员都是积极进取的，他们不断向前推进。学员间或许会相互掩护，但他们不会完全依赖于队友或团队的保护。另外，团队也鼓励进攻，因为每位学员都不愿在自己队友面前表现出弱势。所以，这就无形中增加了每个学员的进取精神。

可见，战胜困难会使你得到重视和提升，会被长远地委以重任。这一切都来源于你自身的出色表现，那么什么样的任务可以使你脱颖而出呢？大家都能做好的工作并不能很快使你出众，只有那些少有人敢做得困难工作，只有敢于做别人做不到的事情，解决别人解决不了的问题，才是证明你工作态度和工作能力的最有力的“证据”。这样，你才会成为团队里最重要、最能干的人。

管理学中著名的木桶原理是说一个团队总是以最低的那个为尺度。优秀的团队绝不允许自己的队员中有庸才的出现，因此，要使自己的团队成为优秀团队，首先就要让自己优秀起来。

作为男孩子，当你面临棘手的难题时，不要退缩，不要依赖团队，勇敢地站出来，接受困难，挑战困难，用自己的实力克服困难。要知道，出众的成就来自战胜困难的“馈赠”，更重要是它可以奖励给你更强的能力和更完善的自我。所以当你面对工作中的困难，请勇敢接受它，告诉它：“我一定能打败你！”同时尽最大的努力，用自己的智慧拔掉困难这颗“刺头”，争做团队中最强的个体。

西点启示录

一个优秀的团队离不开每一个优秀的队员，如果队员不懂得从提升自己入手，那么团队的整体实力是很难得到发展的。所以，每个人都应当从加强自身的修炼入手，努力使自己成为团队中的佼佼者，只有这样你才更能在团队中展现出自己的魅力和价值。

礼物 6

纪律——拥有自制力的人才会成为强者

西点是培养“狮子的摇篮”,其残酷的“野兽营”训练和“不宽容”的荣誉制度向每一个向往并踏入西点军校的年轻人提出了挑战:“你学会服从了吗?”西点学员都知道,服从需要特别的勇气,选择了服从就意味着要摒弃自己的意志。

西点《集合号》杂志曾刊登学员队司令的一篇文章,专门强调了“自觉的纪律”。自觉的纪律是军事院校必须为学员灌输的优良品质,一个人如果要想担负管理责任,这种品质是必不可少的;一个人如果要想很好地为国家服务,也必须具备这样的品质。它之所以有这么重要的作用,因为它是一个优秀的人才所必备的素质,也是任何人希望具有的。

1. 服从是军人的天职

翻开西点的历史可以发现，“童年”的西点是一个管理混乱的学校：教官和学员不准时上课，学员的假期没有时间的限制，经常有学员不假外出，出售自己的优惠券“以维持他们的铺张和奢华”，甚至还出现教授在营房和餐厅里嫖妓丑闻……

当时，新上任的西点校长塞耶痛心地指出：“招募的炮兵连士兵的军纪涣散令人头疼，他们的所作所为使炮兵连犹如由逃脱的罪犯和社会的渣滓组成。”那么，是什么拯救和改变了西点，让“纪律不容侵犯”、“制度高于一切”、“领导道德至上”深入人心呢？是什么让西点人学会了进步，创造了后来的辉煌呢？

答案很简单，是服从。在后来的教育管理中，西点军校向学员强力灌输“纪律不容侵犯”的理念，以强化军人执行纪律的自觉性。西点将纪律看得无比神圣，严格依照纪律管理。军人的天职就是服从指挥，严格执行，那怕是付出生命的代价也在所不惜。正是因为有敢于以生命为代价的行动力，才形成了军队强大的战斗力。在军规中，“无条件服从”有无法替代的意义。

在西点军校，不管新学员有什么样的社会经历，他们都将被视为如同白纸一样的婴儿，每个人都要忘记自己和所有的一切，只需要接受命令，无条件的执行。即使最简单的任务，只要上级下达了命令，那么，都会得到最忠诚的服从和最高效的执行。

有6只猴子被放入同一个笼子，并用链条将香蕉悬挂在笼子顶部。

链条另一端与淋浴器喷头相连，当1只猴子伸手拉香蕉时，所有猴子都会被淋浴器喷出的冷水浇湿（猴子和猫一样，不喜欢水）。用不了多久，6只猴子就都知道香蕉是不能碰的。

接着，从6只猴子里取出1只，并放入1只新的猴子。毫无疑问，新来的猴子看见香蕉心想一定是到了天堂。但当它往上爬时，其它5只猴子会制止它接触香蕉。不久，这只新来的猴子也知道香蕉是个禁忌，必须服从另外5只猴子的命令。

然后，新猴子不断被放入，每放入1只新猴子的同时，都取出1只原来的猴子。每次替换猴子的时候，这样的教训都会重新上演一次。很快，最初在笼子里的6只猴子全都被替换出去，而香蕉仍完好无损——虽然后来的猴子从未被冷水淋湿，但它们从不询问不能碰香蕉的原因，它们只管服从。

上面的“猴子实验”是西点军校实验室中进行的一项经典试验，确切地说明了士兵们如何学会服从——不假思索地把一些自己已有体会的传统教给他人，并且让他人绝对不能违反，这就是服从。

在长期的发展过程中，西点军校形成了这样一个传统，新生不管什么时候遇到学长或军官问话，只有四个标准答案可供选择：“报告长官，是。”“报告长官，不是。”“报告长官，没有任何借口。”“报告长官，我不知道。”除此之外，没有任何一个多余的选择。

这些既定的标准答案对于西点军校的新生来说，看似苛刻，不合情理，甚至有些刁难，但实际上是为了培养他们的服从意识。西点军校认为：军人必须以服从为天职，否则就无法在军队立足，更没有资格担任更加重要的职务。因此，百年来的西点军校坚持认为，服从是一种战斗力。

对年轻人来说，提出自己的想法和观点没错，但是更多时候要学会服从，在接受中学习、进步，一步步成长。男孩心浮气躁，叛逆性更强，不善于服从往往吃大亏。对此，必须时刻提醒自己明辨慎思，在服从中实现进步。

西点军校69届毕业生、赛贝斯软件公司总裁陆军上尉马克·霍夫曼说："对于西点军人来说，对上司布置的任何任务，无论有多大的困难，甚至牺牲自己的生命，但他们的回答也只有一个'是的，长官'。"无论是部属还是员工，都要有服从意识，都要将服从当做自己的天职。良好的服从观念催发高效的军队和企业。员工在服从过程中，才会对所服务企业的价值观念、运作方式以及最适合自己发挥的空间有更透彻的了解。

在一个团队里，队员的服从意识不是浑然天成的，也不是进入组织后耳提面命就能真正做到的。人在特定的环境当中，尤其是工作氛围中，更倾向于对制度和规则的遵守。规范的制度体系就如公平的竞争平台，在此基础上队员的服从执行观念将会被充分地激发出来。为此，加入某个团队之后，首要的一点是了解这里的行为规则，确立服从的界限和标准。

西点启示录

每一个走进西点军校的新学员最先接受的教育就是：服从是军人的第一要务。在今天的任何一个组织，服从也是任何团队成员的第一要务。没有服从理念的队员是不合格的，并且也无法向自己的人生目标迈进。

2. 没有服从，能力就无从发挥

服从，在西点人的观念中是一种美德。它不仅有益于团队效率的实现，也有利于个人能力的发挥。无条件执行上级的命令是一支队伍能否取胜的关键，军人职业必须以服从为第一要义，学不会服从观念，就不能在军队中立足，更无法实现自身成长。

在西点军校里，每一名学员都拥有一个共同的观念，那就是“不管叫你做什么都照做不误”，这样的观念就是服从的观念，学不会服从，就无法在训练中完美执行，也无法让个人潜能发挥出来。

男孩子要明白一点，服从是个人适应团队、组织的需要，是任何一个团队成员必须奉行的行为准则。在服从中，个人才能发挥能力、挖掘潜能，创造性地开展工作，完成从生手到熟手的华丽转身。

有一次，可口可乐推出了一种新产品，需要销售人员配合市场人员，到第一线去了解客户对新产品的使用情况、需求状况和满意度水平，以及竞争对手的反应，并调查是否有替代品出现等信息。

当时，公司把这个任务交给销售部人员，然而他们不愿意去一线搜索信息，还这样反驳：“我们的工作就是销售产品，那些无关紧要的事情就交给其它部门去做吧。如果花时间在收集市场信息上，销售任务如何完成？”

最后，公司只好找来一位刚刚大学毕业的年轻人，安排他去一个新的地方开辟市场。公司的人都说，那个地方十分偏僻，想在那里打开新产品的销路是十分困难的。但是，年轻人爽快地答应了。

过了半年，这位年轻人回到了公司，他带回的消息是那里有着巨大的市场。其实，早在出发之前，他也认定公司的产品在那里没有销路。但是，由于服从公司安排，他选择前往，并全力去开拓市场，结果创造性地开展工作，最终取得了成功。

没有服从就没有执行，没有执行就不会有个人能力的展示。作为一名队员，只有通过服从，才能对团队的价值理念、运营模式有一个更深刻的认识。因此，没有服从就没有一切，所谓的创造性、主观能动性等都在服从的基础上成立，否则个人有再大的本事也不会有展示的机会。

第一，服从体现了认真、负责的态度。服从大局、服从上级的安排，是负责、敬业的表现。在工作中，信任公司和上司是前提条件，员工不要怀疑上司及公司制定的任何策略、下达的任何任务，其实这些都是有目标，有规划的。如果实施每个任务前，员工都不能痛痛快快地去接受、落实，对公司的每一项任务都不信任，那么这样的队员也就失去了认真态度和责任心，这个队伍就失去了战斗力。

第二，服从是团队价值、个体价值实现的保证。当上级制定出符合组织战略意义的规划，决意付诸实施，分派任务的时候，队员应当如同军人必须服从上级指挥一样服从上级的安排，这样才能让整个团队发挥出超强执行能力，使组织得到合理发展。否则，没有服从，即便再好的制度与决策也无法执行下去，整个团队也会失去核心价值，组织利益也会受损。对个人来说，失去了施展才华的舞台与机会，能力也就无从培养、发挥了。

第三，在服从中增加经验、增长智慧。经验是累积起来的，才干是历练出来的。男孩成长为栋梁之才，需要在实践中经过无数次历练。因此，许多时候要按照上级、团队的要求去做，在服从中锻炼自己。如果你在一个公司工作，那么你必须服从于这个公司，因为企业整体的利益，不允许部属抗令而行。无论什么时候，你都应该主动、积极

地去努力完成上司交给自己的任务，而不是找任何借口和推卸责任的理由。

西点启示录

西点军校毕业生，劳恩钢铁公司总裁卡尔·劳恩曾说过："军人的第一件事情就是学会服从，整体的巨大力量来自于个体的服从精神。在公司中，我们更需要这种服从精神，上层的意识通过下属的服从很快会变成一股强大的执行力。"服从是自制的一种形式。西点军校要求每一个学员都去深刻体验其中的道理所在。因为他们知道，西点军校所造就的人才是从事战争的人，这种人要执行作战命令，要带领士兵向设有坚固防御之敌进攻，没有服从就不会有胜利。

3. 理性地服从，而不是盲从

进入西点军校以后，学员会被一再告知：当战争开始的时候，长官委派我们做前锋，我们就应该打好前锋这一仗；委派我们做后勤，我们就应该安守这个岗位，做好后勤物资的供应工作，无论前锋发生什么事情，我们也不可以离开自己的工作岗位。除非得到长官允许，调派到别的岗位，否则，我们的"窜岗"就会使军队因为我们的失职而功亏一篑。

服从，是遵守制度、纪律的第一步。学会服从，是取得成功的关键。服从就是接受管理，那不是口头的应允，而是充分理解，明白厉害，并用好的业绩来表现。我们无法想象，一个在万般不情愿中接受服从的人，能够高效率地完成工作，这就涉及到如何学会服从的问题。

男孩子要明白，“服从”是对他人的承诺，是对自我的信任。虽然接受了服从的要求，但是在执行过程中出了纰漏，没有按时做好工作，那么无论有什么样的借口或理由都缺乏分量和诚意，你的服从并没有达到预期目标。

任何一个公司，都不会需要一个只会唯唯诺诺的庸常员工。只是口头上的服从，其实就是应付、敷衍，甚至说就是拒绝服从。因此，在接受任务的时候，一定要清楚地知道这个目标对自己来说意味着什么，清楚地知道公司目标与个人目标之间的关联是什么，而不是盲目服从。

为了避免盲目的服从，可以在认真地做出自我思考之后，向上司请教：“可否建议我，我应该从哪个地方开始工作？”我们要知道的不是工作细节的问题，而是要确定大的方向与优先次序，例如我应该先确认好哪些事项，才能够开始进行后续工作？哪些工作应该排在最后，以避免其它流程的变动而造成拖延？甚至还应该咨询在工作流程中的各个环节之间应该如何进行协调与整合，从而避免整个工作流程的拖延？

这种理性地询问会给你带来好处。通常，你完全可以寻求来自团队的支持，向上司询问有哪些可供个人使用的工具与资源，从而更加有效地规划自己的时间以及工作进度。这种理性的服从，会最大程度上避免因为意外的变数而违背对上司做出的承诺，当然也才能避免对事务的拖延。

此外，理性服从的另一个关键是学会适当的拒绝。学会拒绝是为了更好的服从，拒绝是不让额外的要求扰乱自己的工作。虽然对于许多人来说，拒绝上司似乎是一件难上加难的事情，因为人们总是担心使上司暴怒起来，担心被老板炒了鱿鱼，甚至担心被朋友断了交往，但是只有我们自己最清楚自己的工作情况，我们必须对自己负责，管理自己的时间与工作，不应该让额外的工作使自己陷入忙乱的境地。

那么，合理的拒绝需要注意哪些情况呢？在与人交往中应该如何避免不合理的要求，进而避免被动服从呢？

第一，拒绝的时候，应该清楚自己想要做什么，不想要做什么，怎么做对我们自己才是最好的？我们还必须考虑，如果我们答应了他人的要求，是否会影响既有的工作进度，由此而造成的拖延是否会影响到其它人，是否真的可以达到团队要求的目标？

第二，考虑成熟之后，必须立即直接或者间接地予以明确的回绝，或者立即明确地答应下来，不要拖延到一两天之后才说出自己的决定。在拒绝的时候应该考虑的问题是：用什么方式拒绝才能够维持更好的关系，才能够建立未来合作的基础？最佳的做法是先说明原因，再表达歉意，最后提供合理的建议。

第三，合理的拒绝有利于实现认真的服从。合理的拒绝可以排除应付的可能。无法想象勉强服从的员工能够毫不拖延地取得很好的工作效果。服从应该是兴致勃勃的，这样才会让人更好地发挥能力，在短时间里取得漂亮的成绩。虽然工作就像一场马拉松长跑，但是，痛快的服从无疑更能产生业绩。

西点启示录

西点基地士官学院院长理查德·A·霍金斯上校：“在你能够管理之前，你应该学会怎样去服从。”服从需要个人付出相当大的努力，它需要在一定限度内牺牲个人的自由、利益，甚至生命。因此，不盲从，而是理性地服从，对团队、个人都有好处。西点军校提出的“服从”，绝不仅仅是指“听话”，也不仅仅是指机械地遵照上级的指示那么简单，而是在确保能够实现预期目标基础上的服从和执行。

4. 严格遵守制度规定

新学员经过几年学习，会成为独一无二的优秀军人，能够在各个领域大展才华，这得益于西点军校独一无二的教育制度。有人认为，制度的绝对性使学员难以区分无足轻重和举足轻重的道德问题，每个人从观念出发，严格遵守规章制度，在反复学习、训练中完善了自我，成长为优秀的将才。

许多时候，遵守制度不是强调具体内容的重要性，而是遵守制度本身对学员自制力、自省力的训练。严格的制度规定让西点学员把优秀的习惯、理念变成一种自觉，从而具备了成功所需的可贵品质。

比如，某一个学员星期六晚外出，回营晚了1分钟，这样他便会被记过7分。他的纪律记录可能很好，这个“过”对他来说没什么。但也有可能他本来可以在下一次达标中过关，却被这7分冲掉了。更有甚者，这7分也可能使他超过一个许可的过错定量，从而使他被学校开除。这种严格的规定让每个人警醒，不敢有丝毫的马虎。

西点纪律的严格或严厉人所共知，而且花样甚多，令人头晕目眩。对高年级学员来说，一个月中如被记过9次，就意味着失去享受周末的权利。如被记过超过每月的最高限额——13次，则每超过1次就将受罚，至少要在空地上走1个小时，一般要扛着步枪不停地走1小时。这种规定提醒大家，不要犯错或违反规定，哪怕这个错误微乎其微。由此一来，学员养成了精益求精、爱岗诚敬的习惯，做任何事情都达到了完美无缺。这样的人将来从事任何工作，在任何领域做事，都会是行业精英。

遵守制度规定，才会得到组织认同，你这个人才是值得信赖的。日常生活中，男孩子会得到各种遵守制度的训练。比如，新生入校一切从零开始，不管新生有什么样的社会经历，家庭有什么样的社会背景，都需要在无条件执行中完善自我。学校的规章制度虽然是一个形式，但要让学生在绝对的制度中习惯成自然。制度为学生的日常行为提供了秩序的框架，你必须要在这个框架之中才能正常追求社会公平价值的取向。显然，管理的基础就是制度，制度需要无条件执行。

毕业于西点的乔治·巴顿将军除骁勇善战外，还以森严的军纪治军而声名远扬。他说，一个战场指挥官假如不执行和维护纪律，那就是潜在杀人犯；指挥官的放肆言词是锻炼学员的手段之一，“没有粗俗劲就无法指挥军队”。

1942 年 3 月，第 2 军在北非同德军作战中吃了败仗，士气低落，纪律涣散，士兵们穿着各式各色的衣服，军容不整。巴顿调任军长后，立即着手抓纪律和整顿军容。他命令全军上下包括技师、护士在内都必须戴钢盔、打绑腿和系领带。

为了实行着装条例，巴顿制定了着装方面的罚款制度，对那些违纪军官罚款 50 美元，士兵 25 美元。巴顿还经常到士兵宿舍检查内务，并鞭抽贴在墙上的裸体女像。严格的纪律在 7 天之内便使第 2 军重新振作起来，进入了战斗状态。后来在盖塔尔战役中一举打败了德军。

巴顿从日常作风抓起，以达到军容严整、作风过硬。首先，他从自己做起，他始终是衣冠整洁、合体，以他独有的军人风度，给人们一个雄壮威严、神气勇猛的形象。这些细节上的做法，深深地影响了士兵，大家都乐意追随他行军打仗。其次，为了做到令行禁止，巴顿时常亲自出去抓一小撮违令者，以强制部下遵命守纪。通过这种震慑，有效提升了队伍的执行力。

由此可见，要培养一支能征善战的队伍，首先就要从军队的纪律抓起，以法治军、以规治军才能提高部队的战斗力。严格的纪律，有法必依，令出必行，不仅是将帅的性格，也应是管理者必备的素质。

西点始终坚持“制度高于一切”的管教理念，把制度看成维护秩序、公平、公正的“法官”和捍卫荣誉的“宪兵”。用制度约束、塑造军人高尚的人格，进而形成良好的军人作风，这种培养方式在实践中被证明是十分有效的，也是西点的成功之道。

英特尔公司总裁格鲁夫的开会方式是：直截了当、果断，而且涵盖一切基本要点。虽然有员工批评他不如前任精明能干，但批评者对于他严格的纪律，掌握契机的毅力，以及卓越的管理能力，均给予很高的评价。在一次会议上，他历数每位经理的过失，竟然博得全体经理起立喝彩。

威胜于爱，严格要求胜于放任自流。年轻人严格遵守制度规定，不但是努力服从团队的要求，也是对自己的一种训练。让自己成为一个令行禁止的人，才能被委以重任，并在执行过程中大有作为。

西点启示录

马克·霍夫曼，西点69届毕业生Sybase软件公司总裁：“对西点军人来说，对上司布置的任何任务，无论有多大的困难，甚至要牺牲自己的生命，但他们的回答只有一个‘是的，长官’”。无论是过去还是现在，西点的教官和学员都对纪律心存感激，因为是纪律塑造了他们不一样的人生，是纪律不断为西点注入生机和活力，形成了西点军人以及军队需要的战斗作风与行为习惯。

5. 纪律是执行的根本保证

一个军队如果缺乏明确的规则，就不能实现出色治理，更不要说取得胜利了。所谓“令行禁止”，没有明确的规则只能导致行动散漫、互相掣肘，即使兵力再多，也只能是散沙一盘，不堪一击。

在西点，从学员的选拔录取、淘汰到学员的日常生活、行为准则、服装与仪表、营房与宿舍，人身与财产安全、声名、假期、教学程序、待遇与特殊待遇等都作了详尽、明确的规定。这些规章制度像是高悬的达摩之剑，随时都可能刺向违规者，对于学员的行为有着很强的约束力。

纪律是严明的，有时甚至是残酷的，尤其对新学员，他们几乎没有做出任何决定的资格。但他们知道，任何西点人都要过这一关，他们也能。让人欣慰的是，学员们上课、阅兵、检查、体育运动等等，每天都安排得满满的，而且任何人都必须完成。开始时大家可能是为了形式，不去考虑实质，但是时间一长，习惯成自然：他们便逐渐把军校的目标变成了个人目标。

纪律为执行提供了规范，也是伟大的战略变成现实的保证。很难想象，一个军队失去了纪律约束，会乱成什么样子。外在的纪律是必要的，关键是把外在的纪律变成人的自觉行动，整个团队才会无敌。

西点《集合号》杂志曾刊登学员队司令的一篇文章，专门强调了“自觉的纪律”。自觉的纪律是一支优良军队的重要特点，所以在西点军校，自觉的纪律更为重要。自觉的纪律是军事院校必须为学员灌输的优良品质，一个人如果要想担负管理责任，这种品质是必不可少的；一个人如果要想很好地为国家服务，也必须具备这样的品质。它之所以有这么重要的作用，因为它是一个优秀的人才所必备的素质，也是任何人希望具有的。

男孩除了努力遵守外在的纪律，更要形成严格自律、良好自控的品性，这是实现理想、成就大事的根基。做事的时候违反规矩，成长的过程中失去自律，这样的人很难有大的作为。追求没有纪律的约束，自由就会泛滥，人心就会涣散，终将一事无成。

英国克莱尔公司在培训新员工时，总是先介绍本公司的纪律，首席培训师加培利总是这样说："纪律就是高压线，它高高地悬在那里，只要你稍微注意一下，或者不是故意去碰它的话，你就是一个遵守纪律的人。看，遵守纪律就是这么简单。"这种培训的目的，无疑是训练执行有力的队伍，显然离开了纪律的约束，一切都无从谈起。

在纪律问题上，巴顿将军态度毫不含糊。他深知，军队的纪律比任何纪律都重要，军人的服从是职业的客观要求。他曾说过："纪律是保持部队战斗力的重要因素，也是士兵们发挥最大潜力的关键。所以，纪律应该是根深蒂固的，它甚至比战斗的激烈程度和死亡的可怕性质还要强烈。"巴顿如此认识纪律，也如此执行纪律，并要求部属必须如此，这是他成就军事事业的重要因素之一。

养成遵守纪律的习惯、意识，能够提升效率，也可以带来价值，对个人成长是非常有利的。这种高效、高附加值主要体现在下面几个方面：

第 ，有利于提高工作效率

纪律的制度化管理意味着程序化、标准化、透明化。在纪律的框架下做事，可以迅速掌握本岗位的工作技能，便于部门与部门之间，员工与员工之间及上下级之间的沟通，使员工最大程度地减少工作失误。

第二，确保在规定的时间内完成任务

完成一件任务，通常都有规定的时间限制。确保按时完成，本身就是最大的纪律。如果不给自己设定这个时间限制，而是无期限耗费下去，只会在拖拉中乱了心神，也让自己干事的效率降到最低，不利于提高个人执行力。

西点启示录

严格的组织纪律，与其说是一种骄傲，倒不如说是西点的一种教育手段。依靠它来培养学员，能使每个人具有一丝不苟的诚实品质。

6. 做到无条件地执行

西点军校所造就的人才是从事战争的人，这种人要无条件执行作战命令，要带领士兵向设有坚固防御之地进攻，没有服从就不会有胜利。因此，服从上级是百分之百正确的，每个人必须做到无条件地执行。

在西点，无条件地执行主要是一项考验，学员若能成功地通过这些考验，即可达到自律自制，以及更大的自主独立，使他们日后能够成为不求近利、高瞻远瞩的管理者。

新学员从西点军校门口走下公共汽车的那一刻起，他便告别平民生活的“友好世界”，准备服从无数的命令。首先是关于一些繁琐的事情，最后则是生死攸关的问题。即刻服从命令，无条件地执行到位，是人们对西点军人普遍的印象。

通常，学员接受命令后立刻找出执行该命令的办法——这一过程需要学员们自发培养处理问题的能力。不同的命令要用不同的方法来执行，命令本身不会告诉你应该怎样做——而仅仅是“你必须完成它”。只要是上级交代下来的事情，你都要想尽一切办法实现它、完成它，无论要面临怎样的挫折、考验。

西点学员在个人权威与集体权威产生矛盾时，他们最终遵从的是个人权威服从于集体权威。西点学员的这种服从意识，正是众多管理者所缺乏的，还有许多的管理者没有学会适应服从这一角色。不容否认的是，在某些大公司，仍有相当一部分管理者抱有唯我独尊的蛮横观念——只有别人服从我，哪里有我服从别人的道理。

新学员训练由高年级的学员主持，所进行的每一项活动都是经过精心策划的，不允许新学员在时间上有一分一秒的误差。西点每年录取1400多名新学员，在报到之后，他们对自己的时间就完全失去支配的权利了。高年级的学员在作过简短的说明之后，立即分配一连串的任务，而且必须在规定的时间内完成。要完成这些任务，新学员根本就没有喘息的机会，没有任何时间思考他们身在何处，要到哪里去。

毕业于西点军校的艾森豪威尔将军，在回忆起他刚入学时的情景说：“我想如果容许我们有时间可以坐下来想一想，大部分的学员可能都会搭下一班的火车离开这里！”

西点军校还采取“斯巴达式”的各种训练。这种做法的优点在于学员的身体既已疲惫不堪，没有提出反对的余地，则形成无条件服从上司的基础；此种行为如果累积下来，便可维持绝对服从的团体规则。日后即使他们有再好的理由，也无法对规则提出异议。

在无条件执行的过程中，学员的思考能力、办事能力会得到训练，举一反三的本领也会增强。此外，你要暂时放弃个人的独立自主，全心全意去遵行所属机构的价值观念。这个过程需要个人相当大的努力，特别是一向珍惜个人自由、自主的员工。

第一，对决策好的事情坚定执行

已经决定的事情，没有了讨价还价的余地，只有坚定地执行下去。比如，公司中经常会遇到需要决策的问题，一个优秀的员工应该是需要发表意见的时候，坦而言之，尽其所能。但当上司决定了什么事情，就要坚决服从，努力执行，绝不表现自己的小聪明。黑格将军之所以被尼克松看中，就是因为他的服从精神和严守纪律的品格。

第二，把无条件服从训练成一种习惯

在西点，一个根深蒂固的观念是：学不会服从，也就学不会管理。将服从训练成习惯，就会水到渠成地走向成功。在公司，每一位员工也必须学会服从上司的安排。参谋长联席会议主席必须向三军总司令，也就是总统负责，而总统则必须向国会及全体国民负责；即使是跨国公司的总裁，仍然是向董事会、股东和消费者负责。

第三，在无条件执行中抹去身上的棱角

被选入西点军校的学员，不论是在学业还是课外活动的表现上，都是名列前茅的高材生。具有这样优越条件的青年，也可能变成刚愎自用、自高自大的管理者。正是考虑到这一点，为了防患于未然，西点军校对刚入校的新学员要进行极为严格的服从训练。这些训练让他们明白，他们只不过是西点这个大团体中的一分子罢了，并且需要有一定的法规和传统来约束他们，并让他们知道自己对国家负有重大的使命。

西点启示录

西点52届毕业生国际电话电报公司总裁兰德·埃拉斯科曾经说过：“军人的第一件事情就是学会服从，整体的巨大力量来自于个体的服从精神。在公司中，我们更需要这种服从精神，上层的意志通过下属的服从很快会变成一股强大的执行力。”

7. 不要把事情拖到将来

在西点军校，做事拖延的学员绝不是合格的学员。把事情太困难、太昂贵、太花时间种种借口合理化，要比相信只要我们够努力、够聪明、衷心企盼，就能完成任何事容易得多。因此，“现在就干，马上行动”是西点学员的口头禅。他们一旦接收到命令，就马上就付诸实施，由此锻炼出了雷厉风行的执行纪律。

成功者之所以得胜，不仅仅应该归功于其深思熟虑的能力和高瞻远瞩的思想。他们真正的才能在于他们审时度势然后付诸行动的速度，这才是他们最了不起的，也是他们出类拔萃、获得最好职位的关键。

我们正处在一个讲究效率的时代，在瞬息万变的现代社会中，存在着很多不确定因素，稍有迟疑，就可能使原来非常杰出的构思，在顷刻之间变得一文不值。因此，一旦有了好主意、制定了计划就要马上执行。

有一个《寒号鸟》的故事，寒号鸟在阳光明媚的日子里卖弄歌喉，而其它鸟儿则辛勤劳动，搭建自己的屋子。当有人劝它准备过冬的住所时，它还当作耳旁风。在经受了夜间暂时的寒冷后，寒号鸟没有吸取教训，仍然拖延。结果在日复一日的等待中，冬天到来了，当别的鸟儿们晚上在暖和的窝里休息时，寒号鸟却在寒风里瑟瑟发抖，最后冻死了。

当机立断是一个人获得成功的关键，因为拖延会使我们丧失一次次发展良机。而美国哈佛大学人才学家哈里克也曾经深刻指出："世上有93%的人都因拖延的陋习而一事无成，这是因为拖延能杀伤人的积极性。"每个人都需要自我反省，我们是否经常为自己找寻各种借口，拖延原有的做事计划呢？要知道，这种日积月累的恶习会断送我们明日的成功和幸福，耗尽我们生命中宝贵的时间和精力，它的危害性与慢性自杀无异。

任何时候，拖延都是成功的大敌，而"立即行动"是把事情做到位的关键。大多数人或多或少存在拖延的习惯，想得好好的事，就是迟迟不能付诸实行。"等明天"、"等合适的时候"、"等条件具备才干"、"等找到工作"、"等结婚"、"等小孩子长大"、"等退休"……这样等下去，最后可想而知，结果只能是"等到下辈子吧"。

年轻人缺乏毅力，也缺乏自我约束的能力，所以做事容易有头无尾，不能善始善终。现在就动手做吧！任何时候，当你感到拖延的恶习正悄悄地向你靠近，或者当此恶习已迅速缠上你，使你动弹不得时，你都需要用这句话提醒自己。

西点学员不肯拖延，他们觉得生活正如莱特所形容的那样："骑着一辆脚踏车，不是保持平衡向前进，就是翻覆在地。"而效率高人往往有限时完成工作的观念、纪律，他们确定做每件事所需的时间，并且强迫自己在预期内完成。即使你的工作并没有严格的时间限制，也应该经常训练自己。当你发现自己能在短时间内做更多的事时，一定会惊讶不已的！

社会心理学专家说：很多爱拖延的人都很害怕冒险和出错，对失败的恐惧使他们无从下手。如果你正受到怠惰的钳制，那么不妨就从碰见的任何一件事着手。如果你想规避某项杂务，那么你就应该从这项杂务着手，立即进行。否则，事情还是会不断地困扰你，使你觉得烦琐无趣而不愿意动手。那么，该怎样克服拖延，立即行动呢？西点军校的学员们学会了：

◎增强自信心。立即将要做的事作个规划安排，能马上做的就马上做，不能马上做的，定下明确具体的时间。

◎增强规划自己的能力。每天检查自己的得失，做出第二天的行动计划。如果今天的计划超出了能力范围，明天就把目标适当降低。

◎提高策略水平，多想办法和对策。比如将繁杂的工作适当分解为许多小的行动步骤，一次做一点。这样就能循序渐进地完成伟大的任务。

◎限时完成任务，给自己一定的激励和约束。实现一个小目标的时候，嘉奖自己给予鼓励，以饱满的热情投入后继的努力。

◎破釜沉舟，自断退路，自我逼上梁山，阻断借口。当目标无法实现的时候，绝对不能放弃，更不能无期限地拖下去。设定最后期限，绝地反击才是上策。

◎寻求帮助，找合作伙伴或取得别人的支持。必要的时候，可以借助外部力量，帮助自己渡过难关，避免在绝望中耗费时光。

◎不要追求十全十美。执行的过程也是不断修正的过程，一时不尽如人意的时候，别停下来，继续朝前进发。

西点启示录

西点著名将军布莱德利：“只有在行动中，我们才会感觉到生命的悸动，才能让生命具有价值，才可以得到衣食住行的保障，也可以变得智慧、勇敢、坚毅和高尚起来。”在军事行动中，讲究“兵贵神速”！在现代世界中，速度意味着商机和财富。生活中确定了行动计划以后，就要赶快采取行动，做个与时间赛跑的人，战胜自己的惰性和优柔寡断。

8．抱怨是男孩成长的大敌

“不满”和“抱怨”是最普遍的一种情绪，也是善于寻找借口的人最善于利用的。一位优秀的西点学员在接到上司的任务时，都是怀着激动而神圣的心情去努力完成的，毫无半点怨言和不满。然而，在我们的现实生活和工作中，却到处充斥着不满和抱怨。

如果你为一个人工作，他的报酬足以让你感到满意，那就尽心为他工作，为他着想，支持他，支持他所领导的公司。这正如西点军校一样，你如果对学校不满，可以自己申请走人，但决不能阳奉阴违。

与其在那不断地辱骂，诅咒和没完没了地贬损，为什么不干脆辞职呢？不要诅咒它。当你贬损它时，你身置其中，那么你也是在贬损自己。

汤姆和珍妮同时应聘到同一公司。经过三个月的试用期，珍妮被委以重任，汤姆却失去了工作。为什么同样学历的人却有如此不同的境遇？

原来，汤姆到这家公司后，认为在这样一家没名气的公司工作没什么意思，并对公司安排他做业务员感到不满，感觉屈才，不珍惜也不感恩，每天唉声叹气，没心情好好工作，还时常抱怨工作又苦又累。在三个月的试用期里，他没有干出半点成绩。

而珍妮从上班的第一天起，就下定决心，要在最平凡的岗位上干出不平凡的业绩，以报答公司给予的工作机会。珍妮努力学习公司的业务，熟悉公司的运营规则，并虚心向前辈学习。这样坚持不懈三个月后，她的工作业绩与老员工不相上下，得到了公司领导的认可。

可以说，造成汤姆和珍妮这种巨大悬殊的根源，就在于汤姆不懂得珍惜自己的工作岗位，没有以严格的自律让自己尽快适应岗位，从而做出成绩。结果，他在抱怨中浪费了时间，丧失了机会。

优秀的西点人不会给自己找任何借口和推卸责任的理由，因为他们知道上司要的是结果，而不是你再三解释的原因。他们也从不抱怨，而是在强大的自制力约束下持续提升自己，改变自己。时间一长，他们就从不起眼的小人物成为有影响力的大人物了。

当压力来临的时候，人们习惯于抱怨环境、抱怨他人。但是，除了能让你的处境和心情变得更加糟糕之外，抱怨对任何人没有任何益处。尤其是对年轻人来说，抱怨是成长的大敌，当你集中于怨天尤人的时候，你就失去了改善和努力的机会。尽管压力让人难受，但是我们仍然要尝试着克制自己，去行动，而不是抱怨。

托妮·莫里森是美国著名黑人女作家，1993 年诺贝尔文学奖获得者。在莫里森的少年时代，由于家境贫困，从 12 岁开始，每天放学以后，她都要到一个富人家里打几个小时的零工，十分辛苦。

有一天，她因工作的事向父亲发了几句牢骚。父亲听后对她说："听着，你并不在那儿生活。你生活在这儿。在家里，和你的亲人在一起。只管去干活就行了，然后拿着钱回家来。"

莫里森后来回忆说，从父亲的这番话中，她领悟到了人生的四条经验：一、无论什么样的工作都要做好，不是为了你的老板，而是为了你自己；二、把握你自己的工作，而不让工作把握你；三、你真正的生活是与你的家人在一起；四、你与你所做的工作是两回事，你该是谁就是谁。

在那之后，莫里森又为形形色色的人工作过：有的很聪明，有的很愚蠢；有的心胸宽广，有的小肚鸡肠。但她从未再抱怨过。

年轻人一定要学会自我反思，不要总抱怨别人没有给你机会。不妨仔细想一想，你是否能够漂亮地完成他人交给你的任务，并且没有借口？你是否平时就给他人留下了一个能够承担责任、勇于负责的印象？如果没有，你就不应该抱怨机会没有垂青于你。

当自己做出了选择，或者对别人做出了承诺，就要坚决去执行。不去抱怨，不去埋怨，给自己找借口是一种小聪明，无益于经验的增加、才能的历练。多一份克制心，增强克制力，就会闯出一片天地。

西点启示录

西点的著名将领罗杰斯·奈斯上尉说过：“或者去做，或者不做，二者必居其一，要么全身退出，要么全力以赴。你只能做出一种选择。”一个优秀的人从不对任何人不满，从不抱怨任何人，他是个高明的人，能控制着自己的情绪，恰到好处；他做着自己的分内之事，以忠诚、信任和义无反顾的献身精神，做着常人不可能做的事情。

礼物 7

训练——严酷的训练是完善自我的必由之路

在西点军校,4 年的学习生涯不仅有挑战身体极限的体能训练,还涉及历史、数学、科学、文学等领域,相当完备的知识培训,更有出国交流与社交的专门培训。这些都有利于帮助学员构建良好的知识体系和开放的世界观,在严酷的训练中实现完善自我的目的,从而具备一个现代社会所需要的各种能力。

“我们将不断地挑战和磨炼你,促使你努力成为一个全面发展的领袖人物。”西点的学生正是冲着这些口号而来的,这也意味着:只要你具备远大理想,西点军校就会努力把你培养成一个全面发展的人才,一位经受得住挑战的时代精英。

1. 不经百炼，难以成钢

西点人认为，磨练自己，就是在磨练中重塑自我。如果说人生是一部戏，那么，磨练就是这部戏的灵魂所在。对于一些经不起考验的人来说，缺少生活的磨练，遇到挫折只会束手无策，痛苦不堪；相反，对一个经常磨练自己的人来说，他们会很容易从逆境中站起来，闯出去。

戈塞尔斯曾在一封信中谈到毕业于西点军校的巴顿的计划时写道："在我们相处的日子里，他跟我谈过很多公事私事。他说，他想在军校达到三个目标：在队列训练中夺冠；到四年级时升为学员副官；在田径项目上打破学校纪录达到A级运动员标准。毕业时，他的三个目标果然全部实现了：队列训练成绩第一；刷新了几项田径项目纪录；还当上了学员副官。"

其实，巴顿争当学员副官的原因有两个：第一，出于对父亲的尊敬和爱戴。因为他的父亲曾是弗吉尼亚军事学院的学员副官，巴顿决心要继承父亲的传统；第二，学员副官是军校全体学员的头，是阅兵队伍之"星"，是军人和荣誉的象征。在练兵场上，他昂首阔步，对检阅台做各种示范动作，令人称羡，而这正是视荣誉如生命的巴顿所向往和追求的。

对这两点的追求更加坚定了巴顿的信心，他知道，成功来自长期不懈的努力，成功来自于各种各样历练，以及全力以赴的拼搏。所以，巴顿自幼立志做一名军人，一个名副其实、本领过硬的斗士。他认为军人的职业最需要的就是勇敢和献身精神，这是其它任何职业都无法比拟的。他虽然从小养尊处优，但却宁愿选择艰苦和冒险的军旅生涯，并且全心全意地爱上了这一职业。就是为了在行动中磨练自己。

他的一位西点同学回忆说："巴顿的衣食住行全是军事化的，甚至可以说连他的爱情也是军事化的……要找出一个如此献身于军队的人，的确不容易。"

在四年级时，巴顿一直在为选择哪一个兵种而冥思苦想。首先他排除了炮兵，因为火炮离短兵相接的前线太远。其次，他考虑过步兵，因为步兵有较多晋升的机会。但步兵军官与他所崇拜的"骑士"差距甚远。最后，他选择了骑兵，这不仅因为骑兵符合他向往的骑士精神，而且还因为据说骑兵最能磨练一个人的意志。

1909 年 6 月，巴顿毕业了。虽说他花费了 5 年时间才读完所有的课程，但仍取得惊人的成绩。他是学校跨栏赛纪录的创造者，同时还是优秀的击剑运动员和步枪、手枪的特级射手。他以标准的着装、优美的军姿、出色的领导才能成为西点军校的骄傲和关注的中心。更为重要的是，他以惊人的毅力和意志战胜了"阅读失常症"，克服了摆在他面前的一个又一个障碍，各个科目都取得了令人满意的成绩。他比别人付出了更多的劳动和汗水，经历了常人无法承受的历练，因而才获得了更多的荣誉和成果。

这就是西点精神的充分展现，巴顿通过自己的个人行动诠释了百炼才能成钢的道理。他用行动向人们昭示了磨练对于一个人成长乃至成功的推动作用。

所以，男孩子们都要像巴顿这样，在心底里给自己一个信念，给自己打造一个坚强的内心，去面对所有的磨难和困苦，当你咬紧牙关度过了一个又一个艰难险阻时，你才会发现，过去的所有经历都变成了别人无法夺去的宝藏，正是这一个又一个的磨练，才打磨出了一个光彩夺目的你。

磨练是每个强者必须经历的事，哪怕是雄鹰也得经过暴风雨的洗礼才会显得矫健；哪怕是大树也得经过日晒雨淋和践踏才会茁壮成长。试问当今世上，哪位伟人没有经过磨练，没有碰到过逆境？是磨练，让我们有了成竹在胸的自信；是磨练，让我们有了钢铁般的意志；是磨练，让我们走向了成功之路。

西点启示录

泰戈尔曾说：只有经历地狱般的磨练，才能练出创造天堂的力量；只有带血的手指，才能弹出世间的绝唱。磨练是人生的一大笔宝贵财富。四肢越磨练越发达，脑筋越磨练越灵活，心灵越磨练越坚毅。唯有经历磨练的人生才能过得充实，唯有经历磨练的青春，才会更加光彩照人。

2. 创新才有竞争力

西点军校丹尼尔·辛克莱上尉认为，每个军人每天都必须和世界上好几百万的军人竞争，只有不断提升自己的技能，精进自己的竞争优势以及学习新知识和适应环境，这样军人才不会成为退伍军人统计数据里头的一分子。

西点军校的学员一直被鼓励：要有创新精神，要不断挖掘自己的创造力。例如，在西点的课堂上，教官经常给学员提供这样一个案例：

在研究喷气发动机的燃烧器时，气体湍流紊乱所造成的燃烧不稳定问题一直困扰着研究人员。怎样解决这一难题呢？有的人想到了大漠里的沙丘。因为，无论风怎样吹，一座座沙丘都能保持十分稳定的形状。仔细研究发现，原来是因为气流绕过沙丘后形成的旋涡特别稳定。

于是，研究人员将沙丘现象与燃烧器问题联系到一起：如果将喷

气发动机燃烧器改为沙丘形状，必然可以使得喷气发动机内的火焰稳定地燃烧，从而有了提高喷气发动机工作的可靠性。

就这样，创造性思维使沙丘与发动机这两个风马牛不相及的事物联系了起来，经过不断的努力，科学家终于成功地发明了“沙丘驻涡火焰稳定器”。

可见，创新思维是人类社会发展的不竭动力。而创新性思维是现代社会中最具竞争力的思维。在一定意义上，创新与成功是密不可分的，要成功就必须懂得创新。

在现实生活中，一些人总是对工作重守不重攻，总是因循守旧，缺少创新精神。他们认为创新是专业人员的事，与己无关，自己只要做好已成惯性的分内工作就好了。但是这样的结果只有一种，那就是被社会所淘汰。

当今市场日新月异，竞争激烈，公司创新力的高低，决定着一个公司创新力的高低，而公司创新力的水平，又很大程度上决定着公司的竞争力。

曾经担任美国通用公司董事长兼总裁的斯隆是个十分重视培养员工创新意识、开发员工创造力的有识之士。每当公司新聘研究人员，他总会耐心地对研究者说：“我不知道我们要你研究什么，也不知道应该得到什么结果。这些都是你的任务。我唯一的要求，就是希望将你认为正确的东西写下来。你不必考虑我们的反应，也不必害怕我们的反对。”这就是斯隆对于创新的开放政策，他尽力打消员工的一切顾虑来使他们尽情地发挥创新才能。

在这样的氛围中，广大员工的创新意识很快地被提了起来，企业的创新优势也逐渐发挥了出来。

有一个故事，可以体现出创新与守旧的差异：

曾经有两家欧洲的公司同时派出推销员去非洲推销皮鞋。由于天气炎热，非洲人向来都赤着脚，鞋子很难推销出去。其中一家公司的推销员看到当地的情况后大为失望，即刻打道回府。而另一家公司的推销员却惊喜万分，给公司发去电信：“这些人都没有鞋穿，一定大有市场！”

接着，这位推销员开始想办法，运用了特殊的推销方法引导非洲人购买皮鞋，为公司开辟了巨大的非洲市场。

同样是非洲市场，同样面对赤脚的非洲人，一个以因循守旧，不战自败；一个却因敢于创新，大获全胜，这就是创新与守旧的天壤之别。

男孩子的思维相对来说较为开阔，如果男孩子能够充分发挥天性的创造力，打破固有的模式和程序，就会为自己开辟一个自由施展才华的空间。可是，创新是不容易的，创新是不易的，所以才总是在创新前面加上“积极”、“勇于”、“大胆”之类的形容词。创新的不易主要体现在以下三个方面：

第一，创新意味着改变，所谓推陈出新、气象万千、焕然一新，无不是诉说着一个“变”字；

第二，创新意味着付出，因为改变是需要外力的，这个外力就是创新者的付出；

第三，创新意味着风险，虽说一分耕耘一分收获，而创新的付出却未必一定有收获。

因为创新不容易，所以创新成为人才的一大特征。那么，创新人才除了专业知识及技能外，要具备什么个性心理特征呢？首先，要有自信，相信自己有能力改变；其次，要有激情，能够为实现目标不懈奋斗；再次，要有责任感，只有这样才能控制失败风险和勇于承担失败后果。

总之，在培养自己创新本领的时候，不能忽略创新心理的培养。自信心不足，思想不能成为行动，行动不能得到坚持；缺乏激情，创新没有动力，思维会僵化，行动会迟缓；没有责任心，创新风险容易失控，即便成功可能也难取得持续进步。

要知道，世界正日新月异，一个只因循守旧，墨守成规的人只会被淹没在人潮中。因此，要想获得成功，请你务必要打破思维的条条框框，突破自身的创造力，这样你会发现一个崭新的天地。

西点启示录

纵观事业上取得成功的人，他们都不会是一成不变，墨守成规的守旧派，他们往往不从常规的角度考虑问题，而是站在创新的视角分析、解决问题。所以他们才能出奇制胜，收获意想不到的惊喜。

3. 学习能力就是竞争能力

历史上，西点军校以培养体魄强健的勇士闻名，更塑造了一批独具个性魅力和丰富底蕴的时代精英，这一切都离不开军事训练。

军事训练，本身就是一个反复学习的过程。西点学员在训练中学会了克敌制胜的本领、拥有比敌人更丰富的知识，因此在战场上生存下来，并不断夺取胜利。学习，是一个宽泛的概念，西点教官要求大家随时随地掌握学习的本领，从而全方位提升个人竞争力。

◎掌握丰富的知识

随着科技水平的日新月异，今天的西点人不仅要成为体魄强健的勇士，更要努力掌握丰富、专业的知识，适应智能化、网络化、科技化作战的需要。多年来，具备深厚的知识底蕴，一直是西点军校孜孜以求的目标，艾森豪威尔将军可以背诵世界地图、麦克阿瑟将军会操作几乎所有的武器……这些都是最好的证明。

一个人知识丰富、精通各项技能，在竞争中就会拥有强大的优势。

西点人毕业以后，无论驰骋疆场，还是游刃商场，都能成为行业精英，与他们雄厚的知识背景密切相关。对年轻人来说，面对大好的时光，学好科学文化知识就是在锻造自己的竞争力，这是我们迎战未来的资本。

西点军校的科目学习过程是非常严格、艰苦的，没有顽强的毅力和耐性绝对无法过关。这不仅是学习和掌握知识的训练，也是对个人心性、意志的磨砺。为此，必须具备刻苦钻研、勇攀高峰的精神。

数学家华罗庚说："聪明在于学习，天才在于积累。"这句话正是他一生的真实写照。天才不是与生俱来的，而是后天的努力与刻苦钻研产生的。在上海中华职业中学一年半的时间里，华罗庚就读完了两年的课程。15 岁那年，他迫于家境困难而辍学。返回家乡后，他一面帮着父亲记账，一面钻研数学，他用六年半的时间，自学了初中到大学的数学课程。正是凭着这种刻苦钻研的精神，华罗庚终于成为举世公认的大数学家。

◎在日常生活中学习做人做事

西点人把每一本书、每一个人、每一件事都当作最好的教材。他们认为，经验和教训是深入浅出、生动翔实的教材，它们极具针对性和实用性，绝非那些脱离实际的所谓理论可比的。

在部队里，聚集了来自各地的年轻精英分子，他们都是经过层层选拔才来到这里的，因此每个人身上都有你值得学习的地方。与战友在一起生活，这种潜移默化的相处过程本身就是一种很好的教育方式。西点学校的严格训练不仅是课堂上的科目练习，也有这种无处不在的做人做事经验学习。

许多有志向的年轻人报考西点军校，不完全是为了来这里学习军事作战理论，也是为了同更多有潜力的未来精英相聚、相识，并从多样、前沿的思想氛围中体验这个时代的最强音，学习其它地方找不到的为人处世的智慧。

◎培养终身学习的能力

熟悉各种门类的大量书籍，是每个人都应该具备的重要能力。善

于辨别、选择书籍以供阅读，就像一个军人善于选择武器一样，对未来的人生发展和事业大有裨益。这其实是一种自我学习、终身学习的能力。

“养成每天阅读10分钟好书的习惯，20年后你们就都可以来做校长。”这是西点军校前校长乔纳森·威廉姆斯在毕业典礼上的一句话。显然，比学习知识更重要的是，你要学会如何学习，以及养成善于学习的习惯。

西点学员习惯利用晚上的空余时间，来研究白天的所见所闻、白天所思考的训练方法和各种技巧。经过这一番思考、分析、整合，从中得到的益处，要比白天训练所获的效果高出数倍。此外，他们宁可在衣着上节省，也不会在书籍上节省，很多学员的成功就得益于此。

在西点学校只有短短几年的学习时光，最重要的是从这里走出去以后，继续保持学习的习惯，在以后的工作中凭借强大的学习能力不但提升自己的竞争力。毕业于西点的海德雷上尉说：“在各界做事的人，无论是商业界、交通界还是军界，他们最需要的人才是高等学府培养的、能善于选择书本并活用书本知识的青年。”原因在于，懂得如何学习的人更有发展潜能。

西点启示录

严格地说，每个人的一生都在接受教育，都在进行终身学习。从家庭到学校、公司，每个地方都是一个大学校。最关键是，要主动、系统地学习各项知识与专业技能，以及为人处世的道理，那么你的前途必然一片光明。

4. 任何时候都要有忧患意识

西点著名教官杰克·奥姆斯丹说："如果你们没有迎接突发事故的能力，那么迎接你们的只可能是失败。"西点军校非常热衷于训练军官和学员的忧患意识。这些接受过良好训练的学员也的确具备着高度的忧患意识。

可在实际的训练中，也有个别西点学员并不理解教官为什么对学员、设备和训练如此关注，并严格要求做到万无一失。还有的学生指责教官太教条，或是认为他们只是想赢得赏识和提升。

其实，这些存在质疑的学生还不懂得严格的纪律、高度的忧患意义在战备中是至关重要的。只有把更多的精力投入到艰苦的训练中会在部队中引发更多的忧患意识，而要求松懈的指挥官事实上在把他们的队伍推向险境。

我们都知道，氢气球飞得越高，爆炸的可能性越大。一个人在安逸的环境里待久了，其自身的韧性和意志就会在无形中被消磨，就成了潜伏在石崖下颤抖而软弱的企鹅。

在瞬息万变的社会竞争中，无论是一个成熟的有远见卓识的成功人士，还是一个责任感强烈、力求在工作上精益求精的普通人，"居安思危，未雨绸缪"的忧患意识都显得尤为重要。例如，一个军队如果能在作战过程中时刻保持警惕性和危机感，就可以轻松地应对敌人的进攻，赢得战争的胜利；一个企业如果在生产经营红火时依然保留忧患意识，在顺境时保持身处逆境时的准备，那么，即使潜在危机不经意出现了，也能有效的抵挡。

每一个自强自立的人都应时刻保持高度的危机感。倘若你是一名企业员工，你就应站在公司的立场上深存居安思危的忧患意识，要常考虑安逸时各种潜伏的危机。祸兮福之所伏，福兮祸之所倚。如果你受到老板提拔了，你更应该有忧患意识，要考虑如果自己辜负了老板的厚望，将会担当什么样的责任？

硝烟弥漫的战场上，没有危机感的军人可能瞬间就会被甩到后面，甚至丢掉性命。虽然说西点学员是在最好的军校受训，但是他们还是有很强的危机感。因为被社会摒弃和淘汰，不仅是学员自己不能忍受的，也是西点军校绝对不允许出现的。

俗话说："盛时当作衰时想。"在优势或顺境时做文章比较容易，但如果我们一味高枕无忧，躺在优势上睡大觉，那就是最大危险了。这种优势一旦失去，你就只能面临回天无力的局面了。

所以，我们不仅要正视危机，挑战危机，还要正确地对待尚未发生的危机。西点军校就懂得把军队的整体忧患变为每个学员的忧患。因为西点人懂得，忧患意识教育不能只停留在文字上、形式上，更要深入人心。所以西点坚持在学员中开展形势教育，使广大学员了解大局，认清方向，明确任务，在思想上增强紧迫感，树立竞争意识，并把以团队信誉为核心的忧患意识培养，作为一项重要内容来抓。

作为一个男孩子，如果没有危机感就不会紧迫感；没有责任感就没有进取心，而失去了进取心就等于放弃了未来。因此，每一个男孩子都必须发扬西点军校居安思危的传统，无论顺境逆境都不要放松对危险的警惕，万不可做一个只懂得沉浸在成功和安逸里享受愉悦的人。

西点启示录

成功和安逸不是永久的，而危机的出现也不会提前让你知道，所以，唯有时刻保持危机感，时刻警惕平静背后的忧患，才能避免遇难，才能守住来之不易的成就。

5. 不合理的要求是磨炼

西点军校培养了无数军事人才和商界精英，让每个人的才华都得以实现，这要归功于它激发学员全部潜能的独特人才培养模式。对此，可以从西点的招生口号中得到印证——“我们将不断地挑战和磨炼你，促使你努力成为一个全面发展的领袖人物。”西点的学生正是冲着这些口号而来的，这也意味着：只要你具备远大理想，西点军校就会努力把你培养成一个全面发展的人才，一位经受得住挑战的时代精英。

所以在西点，无论是训练如何严苛，在西点学员眼里都不过是“勇敢者的游戏”，而这些游戏，只有凭借勇气才能克服这些考验。在西点，各项训练是艰苦的，如果你不能忍受而选择逃避或是放弃，那就意味着你将选择离开西点，在“勇敢者的游戏”中，想要胜利就不能退缩，只能前进。不勇敢打败怯懦，你就只能永远躲避它。

在西点军校里，从入学的第一天起，学员就会发现，自己已经被淹没在一个经验的大熔炉里，学校里的活动丰富而复杂，步调紧迫，刚开始时，甚至连思考的时间都没有。

但是这一切的活动，以及西点4年课程中的每一点一滴，都是为了教导学员如何去管理自己和磨练自己。因为西点的宗旨就是挑选出一批优秀的青年，通过一系列严苛的教育赋予他们管理自己和他人的能力。为此，西点精英训练营设计了一套强有力的课程，涵盖了管理才能的方方面面。

只要你走进纽约州哈德逊河畔的西点校园，就如同踏入了一个以管理为最高使命的文化胜地。从华盛顿、麦克阿瑟、塞耶和巴顿将军

等人的雕像到学员彼此之间以及学员对学长所表现出来的尊重和关注，处处都显示出西点无时无刻不在强化优秀的管理方式。事实证明，这套教学体系，不仅能够锻炼学员的体魄和知识，还能锻造学员的心灵。这样的管理教育，对于学员磨练出坚强的性格有着不可磨灭的作用。所以才有西点前校长潘莫将军所说的那句话："给我任何一个人，只要不是精神病人，我都能把他训练成一个优秀的人才。"

在西点，学员真的是一切都得重新学起，甚至连吃饭、走路、思考，训练营都会教导学员完全抛开从前的习惯，体验全新的方式，以使他们脱胎换骨变成一个全新的人。这种西点独有的训练方式，就是西点成功培训精英的秘诀！

可以说，西点课程的根本，不只是策略或目标，更是一套在不合理和改变中锻造学员个性和能力的方法。

众所周知，人生的因果法则是多劳多得、少劳少得，不劳则不得。因此，无论在工作中，还是在整个人生的成长过程中，做困难的事才是我们最好的选择。因为合理的要求是锻炼，不合理的要求才是磨练。只要你有一个好的心态，把困难当成自己能力长进的阶梯，相信没有什么是你做不到的。

在1888年的大选中，美国银行家莫尔当选副总统，在他执政期间，声誉卓著。当时，《纽约时报》有一位记者偶然得知这位总统曾经是一名小布匹商人，心想：从一个小布匹商人到副总统，他是如何这样快速发展起来的呢？带着这些疑问，他访问了莫尔。

莫尔说："我做布匹生意时也很成功。可是，有一天我读了一本书，书中有句话深深打动了我。这句话是这样写的：'我们在人生的道路上，如果敢于向高难度的工作挑战，便能够突破自己的人生局面。'这句话使我怦然心动，让我不由自主地想起前不久有位朋友邀请我共同接手一家濒临破产的银行的事情。因为金融业秩序混乱，自己又是一个外行人，再加上家人的极力反对，便断然拒绝了朋友的邀请。但是，在读到这一句话后，我的心里有种燃烧的感觉，立即决定给朋友打电话，就这样，我走入了金融业。

"经过一番学习和了解，我和朋友一起从艰难中开始，渐渐把事业做得有声有色，度过了经济萧条时期，走上了坦途。之后，我又开始向政坛挑战，最后成为一名副总统。"

这就是莫尔简单的成功之道，他不过是善于挑战所有困难和看似不合情理的事情。所以，要想成为一个优秀的男孩子，你就应当像西点学员那样，就应该像莫尔一样，无时无刻地使自己处于一种全新的思考和锻炼之中。只有这样，你才会发掘出一个全新的自己，在所有不合理中磨练出超凡的潜能和斗志。

西点启示录

合理的要求是锻炼，不合理的要求是磨练，所有的成功都必然经历非常规的过程。只有能够在不合理的磨难中坚强地面对，勇敢地向所有不合理发起挑战的人才能够练就非凡的本领。所以，不要害怕出其不意的困难，不要害怕不合理的要求，它们都是你通向成功的桥梁。

6. 说出每个人的名字

西点军校对自己的学员有一项特殊的要求，那就是，每个人必须记住4000多名学员的名字。记名字不难，但是要将所有人的名字记下来不是件容易的事情。可是，西点军校的每个学员基本上在经过1年的训练后，都能把4000多名学员的名字记得一清二楚，包括他们来自哪个州、兴趣爱好等等。西点为什么会对学员有这样的要求呢？

因为，对于大多数人来说，没有比听到别人准确无误地说出自己的姓名更能感到愉快了。好比一些有钱的人想通过贿赂作家，为自己著书立传，为得不正是使自己的名字留传后世吗？很多建筑物美伦美奂，但都在关键的部位镌刻着捐赠者的名字，这不正代表了名字的地位吗？所以说，一个人对自己的名字的重视程度不言而喻。而且，对于重视姓名这一点的优越之处，最典型的体现莫过于在公司中。

每当有客户、求职者、朋友来访的时候，正是施展这种技巧的良机。当有陌生人来访时，如果你能带着来访者到公司的各个部门去参观一下，并把你的每一位同事准确地介绍给来访者，不仅要说出他们的名字，还要说出他们的职责范围，以及其工作对公司有贡献的地方。不仅会赢得同事们的感激，而且还会肯定你为此付出的心血和精力。也会让来访者对你的工作态度敬佩有加。

西点学员都知道：记住其它学员的名字，并亲切地叫出来，等于巧妙地给了别人一个赞美——因为人们对自己的姓名看得惊人的重要。所以，每当西点学员新认识一个学员，就会问清楚这个人的名字和相关情况，把这些信息牢牢地记在脑海里。即使 1 年以后，他还是能够拍拍这个人的肩膀，跟他亲切地交谈。

试问，如果你不重视别人的名字，又怎么能去很好地了解对方的人呢？西点毕业的学员就都能做到专心地听讲，真诚地对不了解的事情予以关注，这种极具诚意地听别人讲话，正意味着西点人能给予别人以最大的欣赏和尊重。

毕业于西点的杰尔·斯科特在公司里曾经碰到过一个发脾气的用户，这位客户怒火满腔，到处申诉、告状。最后，公司派斯科特去见那位无事生非的人，并让其想办法消解他的情绪。

斯科特见到那位火冒三丈的客户后并没有做任何解释，而是静静地听着，让那个暴怒的用户淋漓尽致地发泄自己的不满。用户滔滔不绝地说着，而斯科特则坚持洗耳恭听。

就这样斯科特先后去见过那个用户四次，每次都对用户发表的论点表示同情。第四次会面时，用户提出了一个建议，斯科特也毫不犹豫地表示赞成，并谦逊地说：“是的，布拉德先生，您说的有道理。”

那个用户从未见到过一个公司的人可以这样的有耐心，并用这样的态度和方式跟他讲话，最重要的是，他竟然知道自己的名字。他感受到了斯科特对自己的重视和尊重。渐渐地，这位用户的态度开始变得友善起来。终于在不动声色中平息了一场控诉。

这个故事告诉我们，跟你谈话的人对他自己受重视的需求比对他所遇到的问题更感兴趣。因此，如果你想要得到别人的认可，便要记住：记住别人的姓名，让对方成为主角，做一个好的倾听者。

男孩子容易气盛，很容易在气急败坏之下侮辱对方的姓名，这是最愚蠢、最无理的行为。连平日里给友人取绰号都算作不尊重的一种表现。所以，男孩子一定要把名字对于个人的意义重视起来，要像西点军人那样尊重他人，并积极记忆他人的名字，相信这会带给你意想不到的收获。

西点启示录

大家知道“记住别人名字”的好处了吧！当然，我们不一定非得记住4000多个别人的名字，但至少要用心记忆所有跟你接触过的人名。这是对别人的尊重，也是个人素质的体现，更是快速融入群体的好办法。

7. 向弱点开炮

西点军校历来倡导扬长避短，有缺点就要及时改正的思想。因为，人要想不断地提升自己，就要勇于找出自己的弱点，并进行批评与反思。在西点实际的训练和学习中，学员们也是这么做的。他们都勇于向自己的弱点开炮，深刻剖析自己的不足之处。通过在西点军校的锻炼，学员们在批评与反思中很大程度地完善了自己，也大大提高自身的战斗力和整个团队的素质。

无数优秀的西点军人的成功之路，无不是以“把困难当作挑战”、“把弱点当做对手”的自我激励而开始的。而我们在实际的生活工作中，却常常遇到临阵逃脱、畏缩不前，面对弱点和缺陷视而不见的失败者。他们之所以困顿不前，正是他们漠视弱点，逃避缺陷的性格造成的。

陀思妥耶夫斯基曾说：“倘若你想征服世界，你就得征服你自己。”著名的推销员帕蒂的成功就是一个很好的案例：

在帕蒂年轻的时候，有一天，他来到巴黎附近的一座教堂推销保险。

当他滔滔不绝地向一位老牧师介绍投保的好处时。老牧师一言不发，只是很有耐心地听他把话讲完，然后用平静的语气说：“听了你的介绍，丝毫不能引起我对投保兴趣。年轻人，先努力去改造自己吧！”

“改造自己？”帕蒂大吃一惊。

“是的，你可以去诚恳地请教你的投保户，请他们帮助你改造自己。我看你还算是有头脑的人，倘若你按照我的话去做，将来一定会做出一番成就的。”

帕蒂接受了老牧师的教诲，于是，他策划了一个“批评帕蒂”的集会。集会的目的是让别人能坦率地批评自己，为此，他确定了下列三项原则：

一、集会上人人都能畅所欲言，但参与集会的人最多只能是五个。

二、为了要让更多的人都有批评的机会，每次邀请的对象不能相同。

三、既然是他主动邀请别人来的，来者就都是他的贵宾，一定要热诚地予以招待。

当一切准备就绪，他立刻去拜访几个关系较好的投保户，诚恳地对他们说：“我才疏学浅，又没有上过大学，因此连如何反省都不会，所以我决定召开帕蒂批评会，恳请您抽空参加，对我的缺点加以指正。”这些人觉得这种性质的集会很有意思，都很爽快得答应了。

帕蒂策划的批评会终于如期开场，他觉得自己就像是砧板上的一块肉，等着任人宰割。第一次批评会就使帕蒂原形毕露：

——你的脾气太坏，而且粗心大意；

——你太固执，常自以为是，你应该多听别人的意见；

——你的个性太急躁了，常常沉不住气；

——对于别人的托付，你从不来不会拒绝；

——你的知识不够丰富，所以必须加强进修，以成为别人的“生活指导者”；

——待人处事千万不能太现实、太自私，也不能耍手腕或耍花招，一切都应诚实。

他把这些宝贵的逆耳忠言一一记下来，并以此随时反省自己。此后，帕蒂批评会按月定期举行，他发觉自己就像一条蚕正在慢慢地“蜕变”。每一次的“批评会”，他都有被剥一层皮的感觉。

经过一次又一次的“批评会”的洗礼，他把身上一层又一层的弱点剥了下来。随着弱点的消除，他开始进步、成长。

后来，他把在“批评会”上获得的改进用在每天的推销工作中，业绩从此直线上升，成为一名优秀的推销员。

帕蒂的成功正说明了一个人应该不断地向自己的弱点挑战。挑战自我，拿自我的弱点开刀，才是成功的关键所在。但是向别人挑战易，向自己挑战难。所以，西点军校用行动告诉我们，挑战自我，就是勇于向自己的弱点和缺点宣战。因为，真正的西点军人相信，挑战已不是目的，目的是要“降服自己”，使自己成为一个“自胜者”，成为命运的主人。

男孩子大都具有很强的自尊心，甚至是自恋心理，他们很难去主动地发现自己的弱点，更难以主动接受别人对自己的指正，这就导致他们失去了很多成长和完善的机会。所以，男孩子应当从西点军人的身上意识到自我反省和接受批评的重要性，人人都有弱点，但是只有那些勇于承认自身弱点，并积极克服的人，才能成为最后的胜者。

西点启示录

如果我们能够像西点军人一样积极面对自己的人生，勇于向自己的弱点开炮，不断提升自己，你就会发现，上帝的福音总是在最意想不到的时刻等待着你。如果你想获得更大的成功，那就请从最弱的地方开始吧！

8. 沟通解决问题

有人说，举止优雅的人即使离开了金钱，在完全陌生的环境下也将会获得成功，其秘密就在于他们拥有一项全世界都受青睐的能力——沟通。

西点军校1973年毕业生、经营管理顾问考克斯说："团队管理者最需要做的就是发展与维系一个畅通的沟通管道。"团队之所以能成为团队，需要的正是个体之间的沟通与互动，需要的是个体间不断地了解与交流。在西点军校里，学员之间都在时刻进行着密切沟通和交流，因为，只有这样，才能保证学员们在战斗中形成行云流水般的默契配合，按西点人的说法，沟通就是要找到他们之间的化学反应，只要彼此间产生了化学反应的效果，学员之间的团队精神就会得到彻底的贯通。

在西点，新学员必须首先学会怎样与他人沟通，这是成为军人必需的素养。因为西点人认为，良好的沟通是一切人际关系的开始，也是成就优秀团队的基础。沟通带来理解，理解带来合作。如果不能很好地沟通，就无法理解对方的意图，而不理解对方的意图，就不可能进行有效的合作。这在军队作战中最为关键。

从目的上看，沟通与磋商的意思差不多，即团队的成员们必须交换和适应相互的思维模式，直到每个人都能对所讨论的意见有一个共同的认识。说简单点，就是让他人了解自己的本意，自己明白他人的意思。只有达成了共识才可以认为是有效的沟通。团队中，团队成员越多样化，就越会有差异，也就越需要队员进行有效的沟通。

倘若团队没有交流沟通，就不可能达成共识；没有共识，就不可能协调一致，就没有团队默契；就不能发挥团队绩效，也就失去了建立团队的基础。所以，有效沟通是西点人建立高效团队的前提，沟通也是西点人取得成功的源泉！

拿一个公司的团队管理来说，一个沟通良好的公司可以使所有员工真实地感受到沟通的快乐和绩效。加强公司内部的沟通，既可以使管理层工作更加轻松，也可以使员工大幅度提高工作绩效，增强公司的凝聚力和竞争力。

所以公司管理者一方面要善于向更上一级沟通，又必须重视与部属沟通。许多管理者喜欢高高在上，缺乏主动与部属沟通的意识，喜欢对下级颐指气使，忽视沟通管理。常常因为沟通的方式欠佳而挫伤员工积极进取的锐气。

可见，对于公司来说，有效的沟通能迅速化解企业的内部矛盾，把员工之间的关系调整到最佳状态。其实，沟通不仅是管理者最应具备的技巧，也是公司必须具备的基本体制。只有无阻力的沟通，才有公司无阻力的未来。

另外，西点的教官们常常教导学员，沟通是双方的事情，如果任何一方积极主动，而另一方消极应对，那么沟通也是不会成功的。沟通，并不是谄媚的方式就能达到的。沟通需要了解对方的需求，学会如何去倾听对方言语中真正想表达的意思；并掌握时机，给予对方最理想的回应。只有存在良好互动的沟通，才是沟通的最好状态。

很多人可能不知道，一向以凶恶著称的狼，其实也是最善于沟通的肉食动物之一。因为狼群天性爱好和平，它们认为沟通胜于暴力战斗。狼与狼之间很少有那种置对方于死地的打斗，它们之间的冲突往往用温和的手段解决。因此群狼才会通过借标记来划分自己的领地，或以咆哮声来向其它动物清楚地宣示属于自己的领域范围。

狼感受到这种由其它狼群发出的沟通信息后，就会主动自觉地离开这块领地，就像人们不会非法闯入他人的住宅一样。

所以说，有效的沟通是一种艺术。生活中我们无时无刻都要面临沟通的问题，所以我们要逐渐学会沟通的艺术，掌握各种沟通的技巧，以实现在人际相处或交谈中来提升自己的魅力。

男孩子做事常常我行我素，缺乏与他人之间有效的探讨与沟通，因此常常走许多冤枉路。因为他们不知道，有时候，一句简单的沟通就可以避免很多不必要的损失，避免许多不必要的争端。

所以，努力地从西点人身上学习沟通的艺术吧，当你能够巧妙地与他人沟通，并能用沟通化解许多难题时，你就会收获比别人更多的快乐和成功。

西点启示录

沟通是人与人之间的桥梁，是人们彼此了解，和谐相处的催化剂，更是形成一个团队凝聚力的基础。没有了沟通，人们将生活在一片猜忌和误会当中，使生活变得一团糟。所以，懂得沟通，善于沟通是每个人的必修课。

9. 提升个人竞争力

西点军校之所以闻名于全世界，除了因为它有着过硬的军事水平外，还在于西点更像一个大学。它不仅有规范的四年学制，而且非常强调军事训练以外的普通大学式的文化教育。

西点毕业生杰克·沃特曼将军曾说："人生只有两种选择，第一是终生学习并保持不败地位；第二则是成为老古董，并且被时代的洪流给抛弃在后头。"西点军校的人都知道，读书和学习，是一辈子的事。是一个需要长期坚持和严格自律的过程。所以，西点人把每一本书、每一个人、每一件事都当作是最好的教材。他们知道，只有不断地学习，不断地积累知识，才能取得成功。

西点军校历来重视学习，在紧张的训练之余，学校从来不忘给学员们提供更多学习的机会。因为，充满智慧的西点人知道，学习是战胜一切困难险阻的智慧锦囊。西点军校成为美国军事人才的摇篮，为社会输送了大批优秀的英才，有许多人都成为统率千军万马的一代名将。可以说，是善于学习的人造就了西点军校，是善于学习赢得了胜利，创造了历史。

所以，西点学员除了正常上课以外，都处在不断学习充电当中。虽然他们已经在最好的军校学习受训，但他们依然不间断地充实自己，用学习提升竞争力。他们非常清醒地意识到，随着社会发展速度日益加快，他们只有不断更新自己的知识，才能保证在未来立于不败之地。

提升竞争力的重要性不仅限于军人，社会当中的每个人都不能离开学习。因为在今天，要想不成为时代的落伍者，要想不被竞争所淘汰，学习成了我们唯一的选择。

西点第一任校长著名政治家、科学家乔纳森·威廉斯总是告诫西点学子："不管你有多么伟大，你依然需要提升自己，如果你停滞在现有的水平上，事实上你是在倒退。"一个再优秀的员工，如果不懂得不断地提升自己，那么他曾经的一切优势将成为过眼云烟。所以，不断提升自己是获得事业常青的法宝，一定要懂得利用它。有资料表明，在全球500强企业中，50%以上都是学习型的企业。美国排名前25位的企业，80%是学习型企业。全世界排名前10位的企业，100%是学习型企业。可以说，重视员工的学习培训，积极创建学习型企业，正是这些企业成功的关键所在。

从企业的角度来看，随着知识经济时代的到来，企业之间的竞争逐渐表现为员工素质的竞争，只有具备高素质员工，才能形成高素质的企业；而员工的高素质，则很大程度上取决于员工的学习心态和学习能力。从这一意义上说，在新的时代背景下，企业竞争的实质是员工学习能力的竞争，企业取得优势的唯一途径就是来自于更快更高的学习能力。

如今，很多成功企业都十分重视职工的学习。例如摩托罗拉公司每年用于员工的教育培训费用超过10亿美元，其著名的大学已有14个校区，分布于世界各地；西门子公司把培训看作是竞争的要素之一，它在国内外共拥有600多个培训中心，开设了50种专业培训，每年参加各种定期和不定期培训的员工多达15万人。IBM公司的大楼上就写着“学无止境”的标语，IBM公司每年投入20多亿美元进行130万员工的培训，不仅创建了各类培训学院，还建立了网上大学，采取“自助餐式培训”的方式，为员工的自选培训提供了更多的便利，也为造就更多优秀的企业人才做后盾。

从企业员工的角度来看，员工的核心竞争力说到底就是学习能力的竞争。你只有比其它人学得更快，学得更多，你才有可能更大限度地发挥自己的聪明才智，从而在激烈的职场竞争中站稳脚跟。

例如，戴维在戴尔公司工作了四年后，由于平时工作勤恳，连续被评为“优秀员工”的称号。上司欣赏他的进取态度，也有意向栽培他，多次想派送他去知名大学进修，但是每一次戴维都以工作太忙，或者家庭琐事为由，婉拒上司的好意，也拒绝了为自己“充电”的机会。

渐渐地戴维的知识开始跟不上科技的发展，很快就被其它的优秀员工赶超和取代，失去了原本优越的工作。这就是不懂得学习，不懂得提高个人综合水平和竞争力的下场。

男孩子很多都像戴维一样，只看到眼前的个人实力和成绩，却忽略了学习的作用。男孩子们必须意识到，未来的地位取决于你的学习能力。只有善于学习的人，才能获得更加长足的发展。只有在不断的学习过程中，将知识不断地转换为能力，才能永远立于不败之地。

从西点军人身上，我们已经能深刻感觉到，未来的职场竞争将不再是知识与专业技能的竞争，而是学习能力的竞争。随着知识、技能的折旧越来越快，你只有终身不懈怠地学习，才能激发自己的潜能，成为最有竞争力的人，才能在人才济济的社会里脱颖而出。

西点启示录

生命的意义就在于不断地学习新的知识，时时注重提升自己的竞争力，从而拓宽自己的眼界，开创广阔的未来。每个人生来都具有学习的能力。也正是由于人类具有探索未知事物的好奇心，才有了人类社会物质、精神文明的持续进步。

礼物 8
品德——不只要生存，而且要正直地生存

自 1898 年西点军校把“责任、荣誉、国家”正式定为校训以来，西点军校特别重视对学员品德的培养。他们反复强调，西点仅仅培养管理人才是不够的，必须是“品德高尚”的管理人才。为此，学员从进校的第一天起，就被灌输西点的基本价值观，即正直诚实和尊重他人的尊严。

西点始终把道德修养作为学员的重要课程，建立了相应的互相监督制度。即学员自身要保持高度道德自律，还要监督身边的人，任何包庇与不道德行为视为同罪。这种做法培养了学员自律的品德，增强了学员在处理问题时的原则性。

1. 人格高于一切

西点军校不仅教给学员知识、技能，更着重塑造大家的品性。一位西点毕业生说过："美国前500强的大企业教给人伦理，而西点是教给人品德。"高尚的品德、健全的人格比金钱、权势更有价值，是一个人成功最可靠的资本，它们在很大程度上决定了一个人能够走多远。

西点军校有一套《学员荣誉准则》，它统领德育，是西点道德发展方针的核心内容，有时甚至是全部内容。品德教育可以激发学员的荣誉感和责任感，可以化作强烈的内在动力，帮助每个学员完成学业，取得成就，并进而影响学员终生，也为公众树立良好的陆军军官形象。

当然，更重要的是，品德教育帮助学员完善人格，促进道德全面发展。从西点军校毕业的人，不仅是一名合格的，还是社会的精英，它们将来走向社会以后会成为中坚分子，成为国家的栋梁之才。

惠普公司前任董事会主席兼首席执行官莉·费奥瑞纳曾说过："那些伟大的领导者、伟大的公司、伟大的组织之所以伟大，不仅仅因为他们所具备的能力，还因为他们的个性。"

范登里普出任联邦纽约市银行行长之时，他挑选手下做重要的行政助理，首先便是以人格高尚为挑选的重要标准。

杰弗德从一个地位卑微的会计，步步高升，后来竞任美国电报电话公司大老板。他常对人说，他认为"人格"是事业成功的最重要的因素之一。他说："没有人能准确地说出'人格'是什么，但如果一个人没有健全的特性，便是没有人格。人格在一切事业中都极其重要，这是勿庸讳言的。"

男孩完善自我、实现发展，一定要获得他人、社会的认可、信任。

如此，才能面对机会、挑战和改革时，才能够顺势而为，或者迎难而上，实现完美的跨越。

没有高尚的人格，就没有幸福的人生；没有高尚的人格，便没有崇高的事业。有人格魅力的人往往能够在成功的道路上畅通无阻，每个年轻人都应当明白：一旦拥有了人格魅力，在无形之中就等于建立了自己的竞争优势，这就叫“人格魅力资本”。

在西点的人格教育中，很重要的一点就是培养学员正直的个性。宁可艰难地维护正确的事，也绝不轻易包庇错误。不管怎样，必须言出必行。一旦你告诉某人自己要做什么事，就应该履行自己的承诺。一旦成功地做到了这一点，你已经在比赛中遥遥领先了。

研究表明，绝大多成功人士都有自己独特的人格魅力。很多人恰恰没有认识到这一点，当他们把目光盯在财富、地位、学识上时，恰恰忽略了那些高尚情操的巨大力量，而后者往比金钱等东西更重要。

比如，个人所具备的宽宏、大气、修养等都可以看作在社会丛林中生存立足的资本。这些隐性资本是用来创造显性财富的基础，也是左右人脉、职位等要素的决定性力量。一个拥有魅力人格的人，在无形中就建立了自己的竞争优势，给很多人以深刻的印象，与他人建立合作的可能性也就大大增加了。

一个成功者不但本身具有超乎一般的意志，并且能将自己的意志力像电流一样传导给追随者，使整个团队具有同样坚强的意志力。人格形象就是通过精神和内在性质的修养和陶冶而获得的一种无形人格力量与感召力。人格形象是人的内在精神和特质的展示与感知，没有高尚的人格就不会产生良好的人格形象。

男孩不但要学好文化知识，更要注意在人格上修炼自己。让别人认同你这个人，无论与熟人打交道，还是跟陌生人建立关系，都会水到渠成。

西点启示录

人格是气质、性格、能力的总和。健全的人格表现为勤奋、乐观、自信、诚实、善良、勇敢、坚毅、正直、适应能力强、人际交往能力强、能很好地控制情绪等等。俗话说:“三岁定八十”,孩子的性格气质在幼儿期几乎定型了。孩子的心理倾向是外向还是内向,除了与父母的遗传素质有关外,也是可以通过后天的培养达到健全的。

2. 男子汉就要有浩然正气

西点意味着卓越。自新学员一入校,西点就向它们灌输这个理念。但西点强调的是,西点卓越的内涵必须包含崇尚道德的因素,尤其是一个人必须要有浩然正气。

在学校里,学员们一直对那些德行高尚的校友推崇备至。在称得上是美国民族英雄的西点名将中,麦克阿瑟是军事上最具天才的人物,政治上却不甚得意。但这不妨碍他对祖国的忠诚,不妨碍他高唱祖国赞歌。1962 年,他对西点学员说了下面这些话:

“你们终生要以军旅为家——要一心想着胜利。在战争中,你们必须知道是没有任何东西能代替胜利的;如果战败了,我们整个国家就会灭亡;在你们的使命中,必须牢记责任、荣誉、国家。那些能挑起争论的国际国内问题让别人去喋喋不休地辩论吧,那将使人们不知所措,无所适从;但你们要沉着、冷静、清醒,坚守在自己的岗位上,你们是国家防范侵略的卫士;在国际冲突的惊涛骇浪中,你们是国家的救生员;在战争的竞技场上,你们是国家的斗士。”

麦克阿瑟将军一生追求正义,他忠于自己的国家,但反对这个国家的总统（杜鲁门）。在政治见解中，他丝毫不掩饰自己的好恶，表现出一个军人鲜明的凛然正气，他说："石头是坚硬的，但比它更坚硬的是人的思想与意志，它受到理想的指引，它能征服和铸造最坚硬的顽石。"

一个人在迈向成功路上，最重要的因素是什么？旺盛的精力，聪明的大脑，果敢的能力……但这些只能使一个人获得某种程度上的成功，如果他要当起指挥决策的重任，还必须具有最为重要的一条，那就是正直的人格、傲人的正气，它胜过千军万马。

许多年前，一位作家在一次倒霉的投资中，损失了一大笔财产，趋于破产。他打算用他所赚取的每一分钱来还债。三年后，他仍在为此目标而不懈地努力。

为了帮助他，一家报纸组织了一次募捐，许多人都要慷慨解囊，这是一个诱惑——接受这笔捐款将意味着结束这种折磨人的负债生活。然而，作家却拒绝了。他把这些钱退还给了捐助人。几个月之后，随着他的一本轰动一时的新书问世，他偿付了所有剩余的债务。这位作家就是马克·吐温。

具有凛然正气的人都是抗震的，他们似乎有一种内在的平静，使他们能够经受住挫折甚至是不公平的待遇。

哈利·爱默森·福斯迪克曾讲过亚伯拉罕·林肯在1858年参加参议院竞选活动时，他的朋友警告他不要发表某一次演讲。但是林肯答道："如果命里注定我会因为这次讲话而落选的话，那么就让我伴随着真理落选吧！"他是坦然的。他确实落了选，但是两年之后，他就竞选上了美国总统。

正直的人不会口是心非，想一套，说一套，因为他学不会撒谎。他同样也不会表里不一，说一套，干一套，那样他会违背自己的原则。正直！端正刚直，只有行得正，才能坐得端。正直的品格是一个年轻人必须具备的品质。

西点对个人品质的要求很高，它要求学员能够严于律己、认清正确的道路，并沿着它走下去。他们在做出决定或选择前，首先要搜集和分析各种事实，使自己的行为变得公正合理，甚至被人视为典范。他们做出的任何决定都应当客观公正，不从个人好恶出发，不图私利，不掺杂情感因素。如果犯了错误，他们应勇于正视，主动承担责任，从不推诿。一句话，西点学员办事应当光明磊落，问心无愧。

今天，到处充满着竞争，但竞争也要公平和讲道理，靠自身的实际能力去竞争。但如果荣誉应属于别人，你就不要去争，要有气度和胸怀。同时，对别人的请求，如果需要你发表意见，你要先作分析，谈真实意见，讲出肺腑之言，并且说到做到，不打诳语。

个人品德之外，是行为品德要求。它是指在力所能及的情况下，尽最大的努力去完成任务，是锻造个人形象的现实条件。西点认为，和其它行业一样，军事活动中的某些任务可能更有趣、更有利可图、更令人感到愉快或危险。

一个人不管领受什么任务、选择什么工作，都要十分清楚，你的形象是通过你的行为建立起来的。如果你想树立完美的形象，高举道德的旗帜，你就必须圆满完成每项任务，高效优质地做好每项工作，这是锻造个人形象的根本之举。如果自己完不成任务，却找出各种理由和借口为自己推脱，这不但是不负责任，也是缺乏正直品格的表现。

具有浩然正气的人，无论成功或失败，都坦然面对，不会为了维护自己的利益而说谎，或者寻找各种借口，更不会把责任推脱给他人。显然，在这个世界上，仅仅生存还不够，更重要的都是正直地活着，活出自己的气概。

西点启示录

西点要求学员要有良好的个人品德，这是当学员时或成为军官后，在下级、同事和上级心目中树立自己形象的基础。美国陆军军官的个人品德，是使美国公民确信哪里有陆军哪里就有安全的根本原因。西点学员的个人品德，更是他们学有所成，按时毕业，获得好评的保障。

3．志向高远，拒绝平庸

在西点军校，从学员的选拔、淘汰到学员的日常生活、行为规范、服装和仪表、声名、教学程序……都有详尽、明确的规定。这些规章制度随时鞭策着西点学员要时时注意自己的言行举止，作风正派，才不失作为军人的风范。

从细节之处追求超凡脱俗，显示了西点军校对学员严苛的要求，而背后是这所著名军校追求卓越的努力。西点人认为，勤奋、廉洁的工作作风和正派的生活作风都是不可缺少的。做任何事，都要追求极致，做到最好，不能有丝毫的马虎，绝不向平庸低头。

男孩要明白一点，山鹰一生向往在蓝天飞翔，所以天天苦练，最后遨游万里碧天；山鸡也长有翅膀，但是它只满足于眼前安逸的生活，所以至死不能离开大地。生活中，每个人都有强健的身体、发达的四肢，但是胸中志向的差异使每个人的命运产生了很大的不同。

1967 年，杨致远出生在台湾，两岁的时候，父亲不幸去世。10 岁的时候，全家迁到了美国。从 12 岁开始，杨致远一边上学，一边做报童。经过不懈努力和奋斗，终于在 1990 年以优异的成绩考上了斯坦福大学，并选择了前景光明的电机课程。

临近毕业的时候，杨致远尝试了几个工作机会，但是他并不安心做一个普通的职员，于是选择了择续留在学校从事研究工作。与此同时，他还与他人合作成立了一个小型办公室，建立了“雅虎”网站。

后来，网站获得了空前成功，杨致远投入自己的热情和精力，开始把雅虎作为一项事业。几年后，雅虎成为全球访问量最大的站点之一；到了1998年，雅虎的股市市值跃升744%，而杨致远以高达近10亿美元的净资产成为华尔街和华人世界的传奇富豪。

由此可见，每个人的发展空间都是无限巨大的，因为我们可以天马行空自由想象、可以勤奋努力拼搏进取。但是，现实生活的约束又常常使人们不敢对未来抱有太多的奢望，所以想要创造成功的命运人生，没有远大志向是不行的。

“胸有大志”，应该是年轻人生来就有的一种品格，在岁月的磨砺中它不应该变得虚无，而应该在洗尽铅华之后越发璀璨。拿破仑·希尔说过：“成功的人不能没有目标，没有目标，也就没有足够的动力，目标有时就等于雄心。”任何时候，男孩都要有远大的志向，追求卓越的人生，并为此不懈奋斗。

西点军校反复告诫学员，在美好的青春时光必须有一番作为，或者打下良好的基础。因此，在日常生活中，西点人被严格的纪律管制，比如在生活作风方面，无论男女都要正派不要放纵自己。此外，西点军校禁止学员酗酒闹事。如果不懂节制，一喝起酒来就醉卧大街，这样不但会影响西点人的形象，宿醉还会影响第二天的学习效率，这样人不可托付重任。

总之，一个优秀的军人，必须用严格的纪律约束自己，用严谨的生活态度来要求自己。这是西点军校的要求，也是每个西点人奉为圭臬的行为准则。这样做的目的只有一个，那就是让西点人投入到技能学习、情志培养，而不在虚度光阴中耗费青春。

西点启示录

拒绝平庸，不避平凡。为人不可平庸，平庸便无创造，无发展，无上进。处世不可平庸，因此，要有原则，有鉴识，有坚守。

4. 开启自信乐观的正能量

注重对学员心理素质的培养，是西点军校孜孜以求的目标。乐观、自信、坚强是所有学员努力的方向，凡是从西点军校出来的人，大都成为在社会上赫赫有名的大人物，这离不开学校开启学员自信乐观的正能量，从而让每个人在自己的人生中大放异彩。

乐观、自信、坚强的人能得到他人信任，这样的人不会沮丧，永远充满朝气，干任何事情都劲头十足。从西点军人身上，我们看到，要做到乐观自信并不难，只要平时敢于肯定自己的优点，遇到困难或挫折时，以积极的心态尽快找出解决的办法，切忌自怨自艾。

士兵走上战场，要面对许多不确定性。这时候，自信就成为一种可贵的品质，它帮助士兵勇敢面对挑战、解决各种难题，是获取成功的催化剂。而一个自卑的人会怀疑、否定自己的能力，是一种自废武功的做法。坚强、乐观的人更容易梦想成真，因为他有自信精神。

弗洛伦丝·查德威克是世界著名游泳健将，曾经创造了横渡过英吉利海峡的记录。1952 年，她决定从卡德林那岛游向加利福尼亚海滩，从而实现自我超越。然而这种努力一波三折，原来弗洛伦丝的第一次向目标冲击时遭遇了失败。

当时，弗洛伦丝已经靠近加利福尼亚海岸，但是在海水里泡了16个小时的她已经嘴唇冻得发紫，全身更是不停地颤抖。特别是前方还出现了茫茫雾霭，弗洛伦丝很难辨认方向，最后她向跟随自己的小艇求救，要求放弃这次行动。尽管大家鼓励她不要向失败低头，但是弗洛伦丝还是放弃了最后一英里的距离。

事后，弗洛伦丝认为是大雾导致了她的不自信，最后阻止了她去夺取最后的胜利。她甚至认为，如果自己看到了陆地，一定能够坚持游到终点。有了第一次失败的教训，弗洛伦丝意识到自信的重要性，一个人只要内心不迷惑、始终充满自信，外在的力量是无法挫败我们的。几个月后，弗洛伦丝再次尝试游向加利福尼亚海岸，尽管浓雾依然存在、海水依然冰凉刺骨，但是她在信念的引导下获得了成功，实现了自己的夙愿。

在《哈得逊周刊》的成功箴言版里，毕业于西点的史迪威将军这样说："我打了那么多次胜仗，其实说起来毫无秘密，因为我总能看到希望。"的确，自信是成功的一半。有自信的人能够化险为夷。

相信自己能够成功，这是男孩子获得突破、创造奇迹的法宝。在个人成长的道路上，具备自信的心态是迈向成功的第一步。开启自信乐观的正能量，一个人就能成为他所希望的样子，收获满意人生。

工作中，经常听到有些人这样说："对于工作我已经尽了力，我尝试了多次，可就是不见成效。"尽管他尝试的很多，却都是在觉得事情已经没有希望时放弃了再尝试的念头。缺乏自信的人在工作中表现为遇到困难时，只会停下工作，知难而退，而不会去考虑是否有别的可行办法。

通常，这类人因害怕自己的见解被别人认为浅显无知，每次开会的时候都悄悄地坐在一个角落里，任凭其它人争来论去，而他们只是默默地听着。会上，很多人的论点存在明显不足，按他们的办法去实施，肯定行不通。但这类人却坚持三缄其口，深藏不露。每当上司发

现角落里的人，向他们征询意见时，这类人总是唯唯诺诺，表示同意大家的看法。在上司面前，这样就是主动放弃了表现自己的机会，而上司还会认为他没有把公司的利益放在心上。

每个人都有无限潜能。如果你意识到自己具备某种能力，却由于环境所迫，却屡屡遭受挫折，最后可能一蹶不振。然而，在西点军校，很多学员失败了再起来，面对失败从不沮丧，抱着不屈不挠的无畏精神，向前奋进，最终获得成功的例子不胜枚举。

在所有西点军人中，即使是受到挫折打击很大的人，也不会像我们一样会有一种“再也没有力气去折腾了”的感觉，因为他们非常自信，相信自己一定可以重振旗鼓，获得成功，这就是自信乐观品性培养的结果。

男孩子应该多经受风雨，并且无论遇到多大的困难，都不要让消极的思想侵蚀你的灵魂。向勇敢、自信的西点军人学习，相信自己一定可以在事业中赢得胜利，要有一种炽热求胜的欲望，而这种欲望则是走向成功的第一步。在经受风雨的时候，请带着西点军人的乐观、自信和坚强上路，开启一段奋斗的旅程吧！

西点启示录

古往今来，那些伟大的成功者都是凭着超人的自信创造了丰功伟绩，改变了历史。因此，远离自卑、拥有自信，是迈向成功的良好品质。尤其是对男孩来说，请牢记一点：奋力向前，哪怕时运不济；永不绝望，哪怕天崩地裂。

5. 向身边有修养的人学习

在西点，胸怀大志的年轻军官多半是由学长们培养出来的。正是这些学长——而不是军官或指导员——在几个月的时间里指挥新学员，把他们培养成合格的西点军官。学长对待新学员是极其严厉的，新学员害怕他、尊敬他、服从他、钦佩他，从他那里学会了怎样在战场上生存的本领。

这些学长有了在西点训练的经验，比任何新学员都清楚西点怎样才能运作得更好，而且能够很好地将祖辈们积累下来的战争经验代代相传。在他们各自的基础训练营里，士兵和胸怀大志的军官都会请求他们给予指导、管理和认可。

在新学员的潜意识里，西点给他们留下了难以消除的印记，即使后来能成为将军，他在西点的活动也必须得到学长的批准。许多学长会大声地对新学员下令，其威信使新学员敬畏。

西点向来有着尊重上级、感谢上级的传统。对每个西点学员来说，学长是他们生命中最重要的人之一。他们认为，这些前辈必然在某一方面存在着过人之处，更懂得如何指导、训练自己，因此从他们身上更能学到知识、技能，从而充实自己，提高自己。

此外，对待教官，新学员也丝毫不敢懈怠。在这里，尽管每个上级军官对待下属都是极其严厉的，但是作为下属，每个学员对上级从来都是绝对的服从，并且绝对尊重自己的上司。在这里，你绝对不会听到这样的声音：“做上校多轻松，苦的是士兵”、“指挥官除了指手画脚，什么都不干”、“我要是做了军官，我比他做得更好”、“他只要动动口，就把我们指使得团团转”。

在西点，真正的好军官教导新学员，只用适度的军事方法，决不引经据典、絮絮叨叨；他们让新学员心悦诚服地接受挑战，并为他们设立公平的目标。好的军官对新学员以诚相待，他们让新学员在没有严酷的价值判断、公开批评或者军队官僚干扰的情况下顺利成长。

虽然好的军官也难免有自己的特性、怪癖，甚至有时会表现得不那么大度。但就总体来说，还是处处可以表现出经验丰富、工作努力、贤明旷达、智慧深邃的姿态。即使某个上级是一个没有气度的人——多数时候西点的学长故意苛求新学员，对新学员的真诚不屑一顾，并且一直怀疑他的忠心——在这种情况下，新学员也绝对不会对教官心怀忌恨，而把对方看成是自己的敌人，并和他对着干。

每个学员都很清楚，来学校就是要经受批评教育，如果不经历一番“折磨”，就无法形成深刻的认识，也不会在各个方面有所长进。因此，无论上司怎样评价自己，西点的新学员绝对不会太在意，他们一如既往地做好自己的本职工作。

对男孩来说，包容身边的人，接受他们的优点，并不容易。因为，男孩普遍有争强好胜的心理，对比自己强的人往往不是真正服气。强烈的妒忌心无疑会扼杀自己学习的能力，即使跟随知识渊博、修养良好的教官，也会视而不见。这样做，给自己带来了很大损失。

许多人认为，身边的人并不比自己高明多少，这种看法看似有一定的道理。但是，对方之所以有现在的成就，或者在职位上，或者在经验上，应该多少有高明和优秀的原因。对此，我们不能视而不见。

西点33届毕业生、著名的将军威廉·T·谢尔曼在参加西点校庆的时候说：“我们的荣誉来自谦逊，我们看到了每个人身上的优点，去尊崇、超越，从而完善自我。”

军火大王亨利·杜邦也是西点的毕业生，他是工商界的亿万富翁，在谈到自己的成功经验时，杜邦深有感触地说：“其实，这个世界上没有什么人能真正有过人之处，我的成功在很大程度上得益于我在西点接受的教育，她使我形成了积极的世界观。”的确，杜邦不但把自己的闪光点发挥得恰到好处，而且，还特别善于利用下属的优点。

身边每个人都是我们学习的榜样，关键是具备学习的意识。不学习，就无法进步。也许你的能力远在他人之上，却因为缺乏学习、自省的本事，所以始终处于人生低谷。这时候，更需要你努力去发现对方那些优越于你的地方，尊敬他、欣赏他、借鉴他。如果抱着这样的心态，你就很容易大有长进了。

西点启示录

西点第48届学员、ITT公司总裁阿拉斯考格说过：“我们所要学习的对象就在我们眼前，指挥官绝对是我们的榜样，我们严格遵守上级给我们的一切命令，绝对服从，这是一个合格军人的天职。”每一个西点学员都明白：轻视自己的上司也会使自己轻视工作，容易在思想上走入一种误区。对此，也是年轻人应该借鉴的。

6. 感谢帮助你的人

“谢谢您的帮助，长官”，“感谢您的支持，长官”，西点学员经常把这些话记在心上，并说出来。当然，西点学员并不是光说不做，他们用实际行动，努力工作，作为一种下属对上司的感谢方式。

西点学员内心里是真正感激自己的学长、教官的，他们勇敢地把自己这种感激表达出来，是情感的自然流露，没有任何的做作，同样没有任何的掩饰。因为每个人心里很清楚，正是因为学长、教官的苦心经营，他们才能成为一个合格的军人；他们之所以有今天的进步，也是因为上级的正确批评和指导。

感谢帮助自己的人，这其实是一种感恩。正是这种感恩的心，使

他们光荣地肩负起“责任、荣誉、国家”使命。西点人为了这个使命可以牺牲自己的生命，他们认为自己新的灵魂是西点给予的，西点使他们在他们原本苍白的心灵上画上了壮丽的图画。

男孩子必须向西点学员学习，感谢他人给予自己的一切。比如，感谢父母的养育、感谢老师的栽培、感谢同学的帮助、感谢朋友的祝福……这些都是你在人生道路上得到的财富。每天都对自己和他人说声感谢，感谢他人的支持和帮助，也感谢自己的努力和坚持。

心存感激地生活，才会时时感受到生活中的“拥有”，而不是“缺少”。感激，不是一种心理安慰，也不是对现实的逃避，而是一种生活态度，一种生活智慧，一种高尚的美德。心存感激的生活，生活中才会少些烦恼，多些快乐。我们应该感激身边的朋友，她让你的旅途不再寂寞，她与你一同分享快乐的喜悦，一道承受哀伤之痛苦；我们甚至要感激自己的敌人，因为他使你在人生的道路上不敢懈怠，不断进取，直逼成功。多一份感激，你会发现与别人相处是一件容易的事情。

一个暴风雨的夜晚，某地发生了重大交通事故。一辆满载乘客的轮船与货船相撞，客轮上有17个人掉入水中。

这时候，一个年轻人奋不顾身跳下水，凭借出色的游泳本领成功救上了那17个人。然而，由于他过度疲劳，最后导致双脚残疾，只能终生与轮椅为伴。

过了几年，一家电视台准备以他为主题，制作一期节目。记者采访年轻人的时候，问他感触最深的事是什么，他没有描述在河水里抗争的难忘经历，而是表达了自己这几年的无奈和遗憾：“已经过了这么长的时间，被我救起的那17个人，没有一个向我说声谢谢！”

相信许多人读了上面这个故事，心情都会久久不能平静。这个世界很大，陌生的人走到一起，一方提供了帮助，甚至是救命之恩，但是另一方却无动于衷，甚至不说声谢谢！人情的冷漠确寒彻透骨。

当每个人缺少感恩之心，这个社会就会冷漠无情。无论别人为他们做什么，提供了怎样的帮助，他们都觉得是理所当然，完全以自我为中心。与这些人沟通，也是很困难的。

人生在世，要学会感激和奉献，而不是一味索取。对他人的帮助，说声感谢是最起码的要求。对那些提供极大帮助，甚至做出牺牲的人，我们要做的则是回馈。不知道这些常识，做人就是失败的，在人生道路上也不会走很远。

西点军人的感恩精神，之所以值得男孩子学习，就在于它提供了一种回馈的感情、一种回报的意识。它在个人与环境之间建立一种亲密的关系，也为个人提供了成长的力量。懂得感恩的人，会像西点军人一样热爱生活、回馈社会，在社会中勇敢担当。

有的人对他人的点滴帮助冷漠至极，对身边人的种种恩惠也视为理所当然，这种心态本身就是有问题的，因此加剧了个人与周围环境的紧张关系，也是个人内心矛盾不断的重要原因。

试想，如果每个人都有一颗善心，都懂得投桃报李，那么这个世界便是个温情无限的世界。而你平时的每一次不经意的善举，都会给这个社会和我们自己带来幸福。懂得知恩，学会感恩，最重要的是有一颗自省心。通过自我反省，发现存在的问题，进而加以改正，这是一种大智慧。

西点启示录

通过感恩，你会惊喜地发现，感恩还是人生的一笔财富。感恩是内心情感的自然流露，它能使你变得更加有魅力。感恩是一把神奇的钥匙，能打开智慧之门，使你变得更加与众不同。如果你像西点学员那样，对身边的人充满感激之情，你会发现自己活的很充实、快乐。

7. 把人生建立在人品上

1971 年，在由肯塔基州西点协会主持的创办人纪念日集会上，画家雷·哈姆献给西点军校一幅油画，这幅画似乎象征着校友们对自己同社会关系的看法。在湛蓝色天空的陪衬下，一只美国鹰展开雄健的双翅，爪上抓着一根死树的枯枝。右角有个小小的金色的西点饰章，标志着此画是西点军校批准认可的。

今天，这幅画的复制品悬挂在许多军官家中和军校的办公室里。这只鹰和它所象征的东西——西点军校——被认为是这个社会的力量之所在。这里的枯枝仅仅是因为支撑了这只猛禽的重量才变得有意义。

在世界各地，西点军校已然成了一种价值判断的标尺。只要是西点军校毕业的人，其才能、品德都会被认可，不会有丝毫的怀疑。即使不是在军界，政界、商界的组织聘用西点出身的人，会义无反顾地大胆聘用。这是因为，西点不仅教给了学员知识技能，还赋予了他们做人的品性、道德，后者是一个人在社会上谋求更大发展，并大有作为的关键性力量。

多年来，西点的辉煌吸引着无数有志青年，许多人把能进入西点作为最大理想，为此不遗余力。泰勒将军从 14 岁开始就对西点着迷，视军人生涯为崇高的事业、为建功立业的最佳途径。中学毕业后不顾父亲的阻拦，一定要考入西点军校。

由于西点军校入学考试对数学和其它理工科成绩要求严格，而他这方面又有差距，因此，他出人意料地考入了堪萨斯市工业学院，目的是使他的数学、物理成绩达到报考西点的程度。翅膀练硬后，他唯恐万一考不上西点，同时报考了西点军校和安纳波利斯海军学校，结果考取西点，泰勒终于圆了将军梦。

实际上，泰勒是通过他的外祖父——南北战争期间服役于南部邦联军队的老兵，开始着迷西点的。外祖父告诉泰勒，要成为伟大人物，要成为伟大的军人，就要像罗伯特·李和杰克逊那样工作和战斗。而第一步是考入西点军校，因为这两位伟大的军人生涯都是从西点军校起步的。

许多年轻人把人生目标首先定位于西点，可见西点的分量。有些人如愿走进西点受训，必然带着自豪之情、骄傲之情。而这种情感如果不是盲目的，而含有理智的成分于其中，那它就是了不起的精神动力。

在这里，先是斯巴达式的训练，艰苦的、几乎难以忍受的“野兽营”式的训练，然后是雅典式的灌输，高质量、高水平、高智能的灌输，身心智力比翼飞动。如此，一个西点军校的标准军官产生了。当然，最重要的是经过西点的淬炼，一个年轻人能够在道德、人品上无瑕疵，从而奠定了人生持续、稳健发展的基础。

在一次集会上，马修·李奇微将军说：“从塞耶创办军校开始到现在，西点一直是高标准品德取之不尽用之不竭的源泉。它通过它的毕业生们把这种品德灌输到整个军官团，再通过他们传给军人们。我知道，这种高标准的道德力量是没有任何东西可以代替的，绝对不能对社会上的低标准让步，绝不能有损于这一道德规范。”

西点校友会主席保罗·W·汤普森说：“一个门外汉，当他仔细思考军校领袖们必须准备好承担的责任时，可以看出事情的核心和重点并不是教育技术和训练（相对而言，这一切都可以看做是当然的事），而关键的是品格。肩挑重任的人都必须具有特殊的气质，才能挑得起这个担子。他的学业可以上下浮沉，但却不能失去这种品格和气质。细细考虑这种品格和特殊气质的养成，人们不禁要回想起西点的那些戒律——那些戒律同培养品格息息相关，同书本学习的关系只是偶然性的。确实如此！在这里，我引用一位伟大的诗人和名将的话：'今后，在其它场合，这些戒律将带来胜利——可能是在关键性的情况下带来胜利。'"

任何组织聘用人才的时候，都不会忽视对"人品"的考察。在这里，"人品"包含了诚信、尽责、忠诚等要素，是一个人担任更高职位、谋求更大发展的必备素养。很难想象，一个担任管理及领导职务的人，如果在人品上存在瑕疵，那么他就不会好好做人，也会在做事中碰壁，势必影响整个团队的协作、发展。

小胜靠智，大胜靠德。对每个人来说，在做人上不出问题，是做好事情的基础，是创造业绩的关键。尤其是当一个人在关键岗位上影响更多人的时候，如果人品不过关，那么他的能力越大，将来产生的破坏力也就越大。所以说，人品决定了人生的高度。

男孩子都有远大的梦想，渴望在未来有一番作为。无论从事任何行业，无论选择哪个职业，没有人品作为支撑，注定无法走得更远。因为德行不足，那些才华非凡的人遭遇重大失败，这种教训实在太多，也太深刻了。因此，我们不应该让"人品"成为自己的短板，甚至毁掉自己的一生。

西点启示录

福特公司创始人亨利·福特说："一个公司只有在它的追求与社会的追求一致的时候，即公司生存的根本是惠于顾客、惠于员工、惠于社会，它才能永远兴旺。"一个人的命运也是如此，把人生建立在人品上，用道德照亮世界，才是一生中最美的风景。

8. 西点军校的道德哲学课

哈佛大学教授迈克尔·桑德尔，曾经在西点军校讲授正义论课程，结果广受欢迎。在讲座开始的时候，他询问学生对“电车难题”的反应。所谓“电车难题”是牛津大学哲学教授菲利帕·富特提出的思想实验，最早见于1967年《堕胎问题与双重效果原理论》一文。

一列失控的电车正在冲向被绑在铁道上的5个人，他们肯定会被撞死。附近有一个人，他扳一下道岔，可以使电车驶上岔道，救下这5个人。但是岔道上有一个人，会被电车碾死。他该不该扳道岔？

后来，美国麻省理工学院的朱迪斯·托马斯提出另一个设想：同一列电车会碾死5个人。这次，你站在铁路上方的一座桥上，身旁有一个胖子。如果你把他推下桥，落到铁轨上，他的身躯可以挡住电车，救下那5个人，但他会被碾死。你应该推还是不推？

经过广泛的调查发现，90%的人会选择牺牲那个在岔道上的人，但不会选择把胖子推下去。但在这两种情况下，都是一个人被碾死，救下了另外5个人。那么，它们在道德上的差别是什么呢？

在西点军校授课的罗格斯大学教授杰夫·麦克马汉认为，电车难题使托马斯·阿奎那在13世纪建立起来的双重效果论变得更重要了。阿奎那提出了正义的战争需要符合的原则，他是历史上首位勾勒出双重结果论的人。他认为，如果一个行为有好的结果，也有坏的结果，但坏结果并非有意造成的，且整体上好结果大于坏结果，它就是被允许的。

如果把双重结果论运用于电车难题上，其论证就是，在第一种情况下，电车司机并没有有意要碾死岔道上的那个人。如果你调整电车

的方向，而岔道上的那个人奇迹般地逃开了，你会很高兴。但在第二种情况下，你是有意要让胖子送死。如果他从铁道上跳开，逃出电车的行进路线，那将阻止你实现你的目标，因为那5个人还是会被碾死。

在课堂上，西点军校的学生都不赞成杀死那个胖子。他们解释说，这两种情形之间的区别，就如同在知道会有平民伤亡的情况下瞄准一个军事设施，与故意杀死平民之间的区别。显然，老师教军校学生自己做道德决定，而不是盲目地遵守道德规则。这就是西点军校在教育上与众不同的地方。

显然，培养这样一代懂哲学的士兵是有风险的。对此，西点教官并不否认。他们认为，这样做有很大的好处。比如，在战场上，士兵必须有明确的价值判断标准和行为准则，才能处理特殊情况。这时候，如果价值判断出了问题，不但贻误战机，也会让当事人陷入道德焦虑。对此，在课堂上必须通过思考电车难题等问题来提早解决。

今天，社会发展日新月异，科技的力量无所不在。但是，技术越先进，越需要道德的力量来关照人的发展。任何时候，有关人的道德哲学等命题，会从根本上左右人的思想，进而决定其价值判断。

尤其对年轻人来说，当世界观、人生观、价值观还没有成熟的时候，更需要在是非、曲直等问题上有深入的思考。这不仅仅是思维的乐趣，也是对许多人生终极命题的探索与省思。通常，这种思考越深入，我们以后困惑的情形就会越少，遇到难题与挫折时产生焦虑的情形也就越少。

西点启示录

今天，道德哲学成了西点军校的必修课。课上学生必须研习的一个难题是，是否应该牺牲一个人的生命来挽救另外几个人的生命。这些终极问题的探索，关键不是答案，而是这个过程让每个人懂得，活着的意义究竟是什么，以及应该如何活着，并作出合理的人生选择。

礼物 9
风度——胸襟的广度决定处世的高度

在西点人的眼里，军人不是一个让人敬而远之的角色，相反是在需要时能为人家提供帮助的人。让学生学会打造好自身形象，穿着打扮要得体，与学生的角色相协调，举止要大方、从容，谈吐自若真诚。

西点校友会主席保罗·W·汤普森认为："肩负重任的人都必须具有特殊的气质，才能挑得起这个担子。"一个有魅力的领导并不总是表现自己威严与不容侵犯，适当地展现平易近人的一面更能使你受到大家的欢迎。

1. 培养领袖气质

凡是能进入西点军校的学员，全都是经过严格考核、层层筛选的优秀人才。按照规定，在每位学员进入西点军校受训以前，校方就发出一份领导才能评估表给这位学员的上级及同学，对学员进行评估，并且填表人不用署名。

这项详细的评估表分成21部分、125个问题，内容包括这位学员的领导才能，对团体的贡献和性格。显然，西点军校特别看重学员领导才能的考核，目的是为军队和国家培养具备领袖气质、领导才华的人才。

在西点的考核标准中，满分是5分，平均分数2分就算及格。有一年，对115位学员进行的995份问卷调查，平均分数都超过了3分。换句话说，每个单项都能得到3分以上，表示这些受训学员的领导才能已达到领导者的水准。这些出类拔萃的优秀人才入选西点军校受训，等到毕业时已经是具备领导才能的骨干了。

在那期115位学员当中，“领袖气质”这一项平均分数是4.32。有一位学员更是出类拔萃，在领袖气质这一项，连他的教官都给他满分！这表明，教官认为他随时随地都持有那股领袖的魅力。

那么，这个人什么秘诀呢？他的这种气质是如何得来的呢？实际上，他并没有真正领导过谁，他是有意识地培养了领袖气质，从而感染了身边的人。这种气质，无疑会增加个人的气场能量，在做人做事过程中发挥积极的影响力。

对男孩来说，培养领袖气质尤其必要。它是一种力量，一种风度，能够帮助你增加吸引力、感召力，在潜移默化中赢得成功。

“领袖气质”这个名词源于希腊文，原意是一件美丽的礼物。意思是说上天给你的某些东西，可以引申为与生俱来的禀赋。但拿破仑却不以这种解释为然。他说：“我的权力靠我的威望，而我的威望全靠我会打胜仗。假若我不再会打胜仗，不再有威望，我的权力就会消失。征服造成今天的我，也只有征服才能保持现在的我。”

这位欧洲战神的意思是：别人都认为他天生具有“领袖气质”，但实际上他是靠努力得到成功。为了保持这份“领袖气质”，他就得不断成功下去，这样说确实有道理。培养领袖气质，最重要的是在胆识、胸襟、智能上高人一筹，具备领导应有的水准和影响力，而后才会自然焕发出特有的领袖气质。

通常，缜密的思维，果断坚毅的性格，认真负责的态度，是一个领导必备的内在条件。只有理智冷静的人才可能沉着应对各种问题，给人以目标和信心，才可能让身边的人信服。领导的气质与魅力突出表现为你无言的时候的表现，而不是在乎你开口时怎么说。领导的气质赋予人想象的空间，为其赢得百分百的支持和信任。

总之，领导魅力是一种作用很强的非语言方式，当你开口说话之前，你的领导风范已经让对方产生某种程度上的重视和威慑效果。想要培养出作为一个领导者应该具备的严谨、亲切、威严的气质，首先应该树立崇高的理想追求和高尚的道德情操，正确的人生信仰是所有人能做出为大家称赞事情的前提，欲望重的人气质比较浑浊，精神境界高的人气质比较纯净。

美国南加州大学两位研究员班斯和蓝纳斯研究发现，成功的领导者常被人看成具有领袖气质。这并不是说，假若你要别人认为你有领袖气质，你必须先成为一位成功的领导者；而是说，有领袖气质的人更容易赢得别人追随，更能胜任领导工作。

那么，所谓的领袖气质到底是什么呢？如何在成功以前采取某些行动，让自己能具有领袖气质呢？在此，我们不妨从如下几个方面努力。

第一、显示你的专注。无论与人交谈，还是做事，都要专注其中，并取得成果。这种专注精神会显示你的凝聚力。

第二、适当的衣着。简洁、干练、舒畅的着装风格，会吸引他人的注意，并获得心理认同。在衣着上不应付，不仅是为了取得良好的效果，也表明了你做事一丝不苟的态度。

第三、理想远大。伟大的领导者都不拘泥于眼前的小利，他们着眼未来、目光如炬，所以会为了明天的荣光决定今天的行动。

第四、对准目标，勇往直前。既然确定了奋斗目标，接下来就要为此奋斗不息，无论遇到怎样的困难和挫折，都不会停下来。这样的人会散发出无穷的力量。

第五、利用闲暇锻炼。身兼重任的人，必须有好的身体素质，才能有所担当。利用闲暇时间锻炼身体，既是对自己负责，也是坚定他人信心的努力。

第六、建立神秘形象。亲近他人是必要的，但是也要保持一份神秘感，让人捉摸不透，这是领袖魅力的应有之义。

第七、使用迂回方式。为了达到目的，要采取多种方式。当直截了当无法奏效的时候，必须善于迂回，目的只有一个，那就是顺利达成目标。

西点启示录

西点校友会主席保罗·W·汤普森："肩负重任的人都必须具有特殊的气质，才能挑得起这个担子。"一个有魅力的领导并不总是表现自己威严与不容侵犯，适当地展现平易近人的一面更能使你受到大家的欢迎。让下属敢于接近，乐于接近，能使得你的工作全面、系统的展开，最后取得成功。

2. 摆正自己的位置

只要是从西点军校走出去的学员，都能在未来的工作中有所成就，这是为什么呢？原来，西点人总是被告知，请按照自己的计划来安排自己所做的事。许多时候，人才放错了地方就是垃圾。有太多的人找不到适合自己的位置，所以浪费了才华。

在西点军校，教官要求每位学员必须对自己有一个正确认识，并对自己的职业生涯有一个长期的科学规划。于是，每个学员都懂得：人人都有各自的长处和地位，一个人不可能面面俱到，追求完美，关键在于努力把自己的特长发挥到极致，而把不足之处的危害降到最小。

男孩踌躇满志，对未来有许多期许，不过也很迷茫，不知道自己适合做什么，以及应该做什么。这时候，不妨结合自己的特长、兴趣、背景等要素，设计一个规划，逐步找到自己的位置。

有一个年轻人，大学毕业后应聘到一家大公司做主管。老板很赏识他，每月给他的薪水很高。对此，别人都很羡慕，他也很感激老板的知遇之恩，于是便竭尽全力地做事。除了做好本职工作，他还努力帮老板搞营销策划，为公司立下了汗马功劳。

后来，公司人员调整，有了一个部门经理的空缺。大家都说这个位子一定是这个年轻人的，而他也认为这个位置非自己莫属，因为他的才干、努力都是有目共睹的。但是，出乎所有人的预料，接任的是另外一个员工，而他各方面都比不上这个年轻人。

对此，这个年轻人有点受不了，工作情绪一落千丈。后来，连正常的工作也无法开展了。期间，老板警告过他，但是他始终无法控制好自己。后来，他找朋友倾诉，朋友说：“其实很简单，你只要想到自己只是一个打工的，而老板就是老板。在老板眼里，你所有的努力都是应该的。”

于是，年轻人终于想通了。后来，他还是和以前一样努力工作，不再去想职位的问题了。几个月后，老板任命他做了一个更为重要的部门的经理。后来老板告诉他，其实上次的那个职位自己原本也是想用他的，可是又考虑到那样会大材小用，于是等着有更重要的职位，再启用他。至此，年轻人恍然大悟。

由此可见，任何时候，在任何岗位上，都要摆正自己的位置，踏踏实实做好每一件事，而不必担心根本不存在的东西。许多时候，只要我们尽力了，做好了自己的本分，就会有相应的回报，会有收获的时刻。

西点学员不但清楚自己能做什么，不能做什么，也知道自己该做什么，不该做什么。最重要的是，在特定的时刻要扮演好自己的角色，尽到自己的职责。

虽然接受统一的教育，但是每个人的气质、心性还是有所不同。这也意味着，从西点走出去的学员，将来在不同的行业、领域，会有不同的表现，很重要的一点是当事人必须谙熟自己的特性，知晓自己的优劣，从而做出正确的选择。

有一句话说的好，垃圾是放错了位置的资源。一个人尽管才华出众，如果被放到不适合的位置上，那么他就一无是处。知道自己属于那种人才类型，才能选对合适的岗位与职位。下面这些划分标准，可以为我们提供有益的借鉴。

第一，领袖型的人物。这种人物虽然深具影响力，他们所关切的问题是如何让工作得以有效地开展。他们对于团队的奋斗目标非常清楚，也深谙每个成员的优缺点；擅长于沟通，而且能明确地分清每个人的分工项目。

第二，行动派的人物。这种“第一战将”型的人物所关切的是如何速战速决，获得战果。他们相当外向，作风比较冲动，耐心也欠佳，

虽然信心饱满，但只要碰个小钉子就懊恼不已。他们有强烈的领袖欲与旺盛的企图心，勇于面对挑战。

第三，实务派的人物。这种类型的人物做起事来井井有条，擅长于将团队拟定的计划或策略转化为具体的实施步骤。他们做起事来都是按部就班，稳扎稳打；然而一碰到突发事件就乱了阵脚，缺乏应变能力。

第四，理想派的人物。这种人物所重视的是那些比较高层面的问题，对于细节则常常忽略，所导致的结果是大错不犯，小过不断。对于这类人物必须给予及时适当的赞赏以提升其士气，才能将其潜能发挥到极致。

第五，烈士型的人物。这种类型的人不喜出风头，凡事以大局为重，最讲究团队士气与合作默契。他们平时在团队中或许并不是很起眼的人物，然而一旦这个团体面临分裂瓦解的危机之时，他们的一片赤胆忠心往往就能收到力挽狂澜之功效。

总之，年轻人一定要对自己有深刻的洞见，知道自己的长处及短板，从而在职业选择、人生规划等方面准确判断。摆正自己的位置，才会有所作为。

西点启示录

西点教员崖格上将说：“你最适合站在哪里，你就应该站在哪里。最让人惋惜的事情包括一个人站错了地方，把宝贵的精力用错了地方。”西点的成功之处在于让每个人有自知之名，从而找准自己的位置，实现心中的梦想。

3. 适应环境，而不是让环境适应你

战场是什么样子，没有人知道。唯有在日常训练中严格要求自己，学会灵活机动地处置各种问题，才能加大在未来战场上获胜的可能性。提高自己的环境适应能力、生存能力，是西点学员的重要一课。

西点军校的课程设置都有很强的目的性，他们的最终目标是培养据有才华、责任意识、执行能力、生存意志的军人，无论在任何环境中都能生存下来，直到夺取胜利。因此，在训练过程中，教官首先让学员明白一点，主动适应环境。

环境是可以适应的。无论它怎么凶险，多么艰苦，人们都可以发挥自己的聪明才智，让自己生存下来。每个人的生存须臾都离不开环境，随着环境的变化，我们必须随时调整自己的观念、思想、行动及目标，这是生存的必须。

长期以来，美洲鹰生活在加利福尼亚半岛上。由于美洲鹰的价值不菲，在当地人的大肆捕杀以及工业文明对生态环境的破坏下，美洲鹰终于绝迹了。然而，近年来，一名美国科学家、美洲鹰的研究者阿·史蒂文，竟在南美安第斯山脉的一个岩洞中发现了美洲鹰。这一惊奇的发现让全世界的生物科学家对美洲鹰的未来又有了新的希望。

研究表明，一只成年美洲鹰的两翼自然伸展开后长达三米，体重达 20 公斤。加利福尼亚半岛上的食物充足，因而得以将美洲鹰养成这样一种巨鸟，它锋利的爪子可以抓住一只小海豹飞上高空。可令人奇怪的是，就是这样一种驰骋在广阔天空的庞然大物，竟然能生活在如此狭小而拥挤的岩洞里。

阿·史蒂文在对岩洞的考察时发现，那里布满了奇形怪状的岩

石，岩石与岩石之间的空隙仅0.5英尺，有的甚至更窄。那些岩石像刀片一样锋利，别说是这么个庞然大物，就是一般的鸟类，也难以穿越。那么，美洲鹰究竟是怎样穿越这些小洞的呢？

后来，为了揭开谜底，史蒂文利用现代科技在岩洞中捕捉到了一只美洲鹰。他用许多树枝将鹰围在中间，然后用铁蒺藜做成一个直径0.5英尺的小洞让它飞出来。美洲鹰的速度迅速无比，史蒂文只能从录像的慢镜头上细看，结果发现它在钻出小洞时，双翅紧紧地贴在肚皮上，双腿却直直地伸到了尾部，与同样伸直的头颈对称起来，就像一截细小而柔软的面粉条，它是用以柔克刚的方式轻松地穿越了蒺藜洞。显然，在长期的岩洞生活中，它们练就了能够缩小自己身体的本领。

千万年前，动物与人类都在为生存而战。如果不想被淘汰，就得像美洲鹰一样，以改变自己的方式，来适应不断变化的生存环境。尽管“缩小”自己的过程会千难万险，甚至流血流泪，但只有勇于“缩小”自己，才能扩大生存空间。“人不可能都生活在自己的意愿之中，只能是生活在对环境的适应之中。”

环境充满了复杂多变，并且许多时候并非我们想象的那样如意。这时候，男孩子更要以非凡的气度去适应环境，从中找到解决问题的突破口。如果一意孤行，不知道主动去适应，到头来往往让自己陷于危险境地。

有一个富翁因为实在太富有了，所以凡事都要求最好的。有一天他喉咙发炎，这不过是一个小毛病，任何一位大夫都可以看得好，但是由于他求好心切，他一定要找到一个最好的医生来为他诊治。他花费了无数的金钱，走遍各地寻找医病高手，每个地方都告诉他当地有名医，但是他认为别的地方一定还有更好的医生，所以他又继续再找。

直到有一天他路过一个偏僻的小村庄，扁桃腺早已恶化成脓，病情变得非常的严重，必须马上开刀，否则性命难保。但是当地却没有一个医生，这个富有的人，居然因为一个小小的扁桃腺发炎而一命呜呼！

这个世界上，没有谁总是幸运的。如同战场上总是与负伤、缺水，甚至死亡相伴。面对各种不幸，必须打起精神，勇于承担，理性决策，从而找到最优的行动方案。抱着理想主义的思维不放，总是幻想着美好景象出现，只能让自己陷于被动。

在西点精神的指引下，每个学员都学会了适应环境，并在适应中创造非凡的业绩。这一点，尤其值得男孩子学习、借鉴。

第一步：进入环境圈子。无论进入任何一个行业，都会走进特定的圈子。在这里，你要被接纳，首要的一点是不给别人造成威胁。更好的表现则是：你的到来使大家更能做出成绩。因此，在自己的岗位上必须做好自己，不要试图改变周围的人，你唯一可以做的是努力让自己更有成绩。

第二步：做出成绩。在新的环境、岗位上，要学习细节里的品质与做事的内核，而非形式。通常，你要真正理解周围的人际关系、岗位特点，以及如何做出成绩。有时候，你要主动寻求他人的帮助，借助团队的力量取胜。

第三步：在环境中真正成长。在特定的环境中，职业资本、经验、能力、职业个性等因素会相互作用，影响个人的发展。最重要的是，年轻人必须沉下心来，踏踏实实走好每一步，积累起岗位经验，建立职业优势，从而获得新的跃升机会。

西点启示录

有了适应环境的决心，肯定能够想出适应的办法。先去适应环境，而后才有可能改变环境。总的来说，适应社会环境有两种形式，其一是改造环境的需要；其二是改变自己的需要。无论哪种形式。最后都要达到环境与人们自身的和谐一致。

4. 永远坐在第一排

进入西点学校的学员，大部分是为了走向战场。战争是男人的事情，也是冒险的事业。从进入学校的第一天起，每个学员都把奉献两个字放在心里，并强烈热爱军人这种光荣的冒险事业。

在学校里，学员一早从床上跳下来就充满着战斗力，因为只要学员肯对问题采取积极的态度，他的问题就已经解决了一半。只要他使出更大的心力，胜利就会提前到来。这种战斗的意志，让每个人都精力充沛、生龙活虎。

与西点学员接触，你会明白，积极进取的生活可以改变人生的面貌。大多数学员学会了如何克服忧虑、恐惧。遇到任何事情，他们总是第一个站出来，积极去面对。可以说，他们是永远坐在第一排的人。

坐在第一排，反映了一个人的态度。在教室里，主动坐在第一排的学生更想靠近老师，倾听教诲，他们有着更乐观、向上的心态，所以也更容易成为优秀分子。并且，喜欢做在第一排的学生，还敢于积极应对各种挑战，反映了他们无畏的精神风貌。

以前，日本渔民出海捕鳗鱼，因为船小，回到岸边时鳗鱼几乎都死光了。但是，有一个渔民，他的船和船上的各种捕鱼装备以及盛鱼的船舱，和别人完全一样，可他每次回来鱼都是活蹦乱跳的，他的鱼因此卖的价钱高过别人一倍。

没过几年，这个渔民就成了远近闻名的大富翁，直到身染重病不能出海捕鱼了，他才把这其中的秘密告诉给了儿子。

原来，这个渔民通常在盛鳗鱼的船舱里，放进一些生性好斗的鲇鱼。为了对付鲇鱼的攻击，鳗鱼也被迫竭力反击。在战斗的状态中，鳗鱼求生的本能被充分调动起来，所以就活了下来。

渔民还告诉他的儿子，其它渔民捕来的鳗鱼所以会死，是因为它们知道被捕住了只有死路一条。鳗鱼生的希望破灭了，所以在船舱里过不了多久就都死掉了。渔民最后忠告他的儿子，要勇于挑战，只有在挑战中，生命才会充满生机和希望。

为了塑造学员勇敢、进取的个性，西点的教官常用上面的故事来鞭策大家。道理很简单，在竞争的环境，才能激发人的竞争意识，才能调动人的生理和心理的潜能。如果我们不敢挑战强者，永远只配做别人的手下败将。不敢挑战自我，永远也没有变化，终究有一天会被淘汰出局。

结果，在两军对阵的训练中，西点的学员们总是冲在最前面。虽然这是最危险的位置，但对西点学员来说，这是一个象征荣誉的位置。恺撒说："如果我是块泥土，那么我这块泥土，也要预备给勇士来践踏。"

拿破仑将军亲率军队作战时，只要他站在前线，同样一支军队的战斗力，便会增强一倍。军队战斗力的强弱在很大程度上基于士兵们对于统帅敬仰和勇敢与否。如果统帅抱着怀疑、犹豫的态度，全军便要混乱。拿破仑的勇敢与坚强，使他统率的每个士兵增加了战斗力。

一个人的成就，决不会超出他的勇敢所能达到的高度。如果拿破仑在率领军队越过阿尔卑斯山的时候，只是坐着说："这件事情太冒险了。"无疑的，拿破仑的军队永远不会越过那座高山。所以，西点新学员被灌输着这种冒险意识，无论做什么事，勇于冒险，都是达到成功所必需的和最重要的因素。

西点学员明白，具有勇敢精神往往能使平凡的自己做出惊人的事业来。胆怯和意志不坚定的人即便有出众的才干、优良的天赋、高尚的性格，也终难成就伟大的事业。

毕业于西点的威廉·B·富兰克林说过这样一句话："要求永远不犯错，正是什么也做不成的原因。"男孩必须具有西点军人勇于接受挑战的精神，比自己想象的做得更多、更好。在接受挑战的过程中，自己的潜能完全被激发出来，可以使自己平淡的生活变成激动人心的探险经历，这种经历会不断地向你提出挑战，不断地奖赏你，也会不断地使你恢复活力。

面对挑战，强者会迎难而上，并在挑战中激发自己的潜能，创造发展的机会；弱者都会选择逃避，乐于接受平庸，安于享受暂有的一切。面对挑战，你又会做出哪种选择？答案非常明显，只有敢于挑战，敢于竞争的人才会成为社会的精英。

西点启示录

西点军校著名教官约翰·科特上尉说：“勇敢面对挑战，并且大胆采取行动，然后坦诚地面对自己，检讨这项行动之所以成功或是失败的原因。你会从中吸取教训，然后继续向前迈进。”西点军人都知道，与金钱、势力、出身、亲友相比，自信、勇敢是更有力量的东西，是他们从事军人职业最可靠的资本。接受挑战，永远站在最前面，尽显男子汉的风采与魅力。

5. 学会欣赏他人

在西点军校，每个学员都是精英分子，都有自己独特的地方。如何看待自己的同学，如何与身边的人相处，是功课之外的重要内容。

通常，教官要求每位新学员都要学会发现、欣赏他人身上的特质，学习对方的长处，弥补自己的不足，这样才能成为正直、谦逊、热情有礼的军人。

西点的教官们深信，一个人如果是优秀的，你就会从他身上找到好的人格品质；如果你不这样认为，就无法发现他人身上潜在的优点；

如果你本身的心态是积极的，就容易发现他人积极的一面。当你不断提高自己，别忘了培养欣赏和赞美他人的习惯，认识和发掘他人身上优秀的特质。

学会欣赏他人，这不仅是一种智慧，也体现了一个人的气度。看到他人的缺点很容易，但是只有当你能够从他人身上看出优秀的品质，并由衷地欣赏他们的成就时，你才能凭借广阔的胸襟，真正赢得友谊和赞赏。

年轻人的视野有多宽，他的成就就会有多大。你的身边不乏优秀分子，以欣赏的眼光发现他们身上的优点，并加以借鉴，最后收获最大的是你自己。并且，你的这种欣赏目光会让对方感同身受，乐于承认、接受你这个朋友，何乐而不为呢？

一个春光旖旎的中午，阳光撒在大地上，杰克拉着爸爸的手在郊区公园散步。突然，一位穿着不合时宜的老太太走过来，只见她的上身紧裹着厚厚的羊绒大衣，脖子上围拢着一条毛皮围巾。在这样暖和的天气里，这样的打扮不伦不类。

看到这里，杰克小声说："爸爸，你看那位老太太的穿着打扮多可笑啊！"爸爸也看到了老太太，但是他没有露出鄙夷的神情，而是严肃地对杰克说："孩子，我们应该学会欣赏别人，而不是去挑剔。"

接着，杰克说出了自己感觉。爸爸抚摸着他的头说："孩子，我恰恰与你的看法相反，我很欣赏那位老太太！"听到这里，杰克有些疑惑了，他盯着爸爸，期望得到更满意的答案。

爸爸解释说："那位老太太在这样暖和的天气里穿着厚大衣，脖子上围着围巾，她应该是大病初愈，身体还没有康复吧！孩子，你留意观察她的表情了吗？她平静的目光停留在那丛绽放的花朵上，脸上荡漾着欢愉笑意，你难道不认为她很可爱吗？她很坦然地欣赏着大自然，我觉得老太太并不滑稽可笑，而是展现着对美的释放！"

这时候，杰克再次认真地打量眼前的老太太，眼前的一切的确跟刚才看到的不一样了。老太太安详的眼睛涌动着某种渴望，脸上绽放的微笑如同她眼前一朵朵美丽的花儿。从那一刻，杰克明白了“欣赏”的力量。换个眼光看世界，你会发现她是如此美丽动人。

玛格利特曾经说过：“美存在于观看者的眼中。”她的看法和西点教官们平常所说的“我们在别人身上看到我们所希望看到的东西”不谋而合。西点军人认为，每个人都是相当复杂的综合体，融合了好与坏的感情、情绪和思想。你对他人的想象，往往奠基于自己对他人的期望之中。

西点军校教导学员们，每个人都必须围绕着自己的核心竞争力去不断地改进自己，让自己进步。别人的缺陷是别人的事，或许也是他们的人生，你无法去改变别人的命运，但你得把握自己的命运。

生活中，首先学会正确地看待这个世界，修正自己看事物、看人的角度，自然可以得到积极、正面的东西。久而久之，我们就能获取积极的人生。西点军人们知道，学会去欣赏别人，发现别人的优点，可以补充自己的正能量，获得超凡的成功。

事实上，当一个人学会了发现别人的优点时，心情才会阳光起来，才能让自己的心智得到最大的营养，才具有乐达的气质。即使不小心发现别人的缺点，那也是对自己的一种提醒，让自己学会了超越，懂得了如何与人相处。

人的心态为什么会不好，就是因为看到了太多丑的东西，事实上它并不一定是丑的，只是你的价值观与他不同而已，或者说你只看到了表象，未必是事情的本来面目。但是，如果你懂得了换个角度看问题，学会欣赏别人，你的路也将越走越宽阔。

西点启示录

社会上的每一个人都渴望别人的欣赏，同样，每一个人也应该学会去欣赏别人。学会用一种正常且健康的心态去欣赏别人，是一种爱。欣赏别人，决不是表面上简单地赞赏别人，而是打开真诚的心灵窗户收拢满园春色，只有拥有春天般心灵的人才会真正领悟到春天的美丽。

6. 活力让你散发强大的气场

西点校友著名企业家威廉·B·富兰克林说过这样一句话："努力不懈，是奔向梦想和目标的唯一坦途。"在学习、成长的道路上，充满活力、不懈奋斗的人会凭借强大的力量征服环境，走出低谷。

军人走向战场，就是去战斗。面对未知的领域、残酷的环境，西点学员必须保持活力，充满进取谨慎，才能成就传奇。无论是战场上的麦克阿瑟、巴顿，还是商场上的西点精英分子，他们都以十足的力量震撼了这个世界，在自己的有生之年取得了伟大成就。

在平时的训练中，西点教官尤其强调活力。如果哪个学员精神萎靡不振，那么教官首先会询问对方是否身体不舒服，然后会千方百计让对方散发出活力，去迎接生活中的每一天。保持活力，不但可以让自己精神焕发，也会把这种意气风发的意志传递给身边的人，让整个团队都活力四射。

年轻人朝气蓬勃，本来就应该充满朝气，过好每一天。即使面对困难和挑战，也不必妄自菲薄、垂头丧气。男孩子更是如此，展示你的青春活力，播撒你的热情与激情，这种状态会感染更多的人，增加你的气场。

阿门得森是挪威的著名极地探险家，他从15岁起立志成为一个向大自然挑战的人。因此在获取相关知识的同时，阿门得森利用各种自然条件锻炼自己的身心，为将来的行动进行充分准备。这种热忱、乐观的心态帮助他承受了各种严峻的考验，使他离自己的目标越来越接近。

1898年，阿门得森和队员到南极探险，结果大家被围困。面对严峻的形势，他出色指挥"贝尔吉卡"号探险船摆脱了冰堆的危险，而缺少冬衣和干粮的窘境使队员丧失了信心，关键时刻阿门得森以乐观的心态鼓励大家积极面对，并组织船员捕捉海豹和企鹅充饥，用毯子缝制冬衣御寒，最后被困13个月的探险船终于闯过一道道险关，大家起死回生。

此后，阿门得森还成功完成了驾驶飞艇飞越北极上空的洲际旅行，并留下了从欧洲飞越北极而后到达北美的历史记录……在谈及自己的成功经验时，阿门得森说自己首先是一个乐观的人，积极、乐观的心态帮助自己摆脱了种种难以想象的困难，更建立了向成功迈进的自信。

一个人的生活快乐与否，完全决定于他对身边人和事的看法。乐观看待身边的一切，就能使自己保持良好的状态，这就是乐观心态的神奇魔力。更重要的是，无论任何时候，都要让自己充满活力，这样才有力量应对各种挑战。一个软弱无力的人，是没办法成为胜者的。

西点军校让每个学员充满活力，首先是军人应有的状态，其次培养这种心态对一个人的发展有积极的促进作用。充满活力、积极乐观可以使我们以饱满的热情与他人实现良好沟通，开拓事业发展的新境界。因此，遭遇苦恼、忧愁、烦躁、愤怒、痛苦等不良情绪时，要懂得调试自己，更重要的是建立一种乐观的心态，使自己的身心保持稳定状态。

许多人身上的一个大问题就是他们的理想过于平庸，过于单调乏味，因而没有任何挑战性。他们没有为自己确定一个适当的目标，或者说，跟他们的能力相比，他们的目标定得过于低调，过于消极了。如果想要轰轰烈烈，就必须志向高远，充满活力地迎接每一天。

充满活力的人，会有无穷的力量。当你感觉到内心深处有一股不可抑制的激情在汹涌奔流时，当你发现你是那么强烈地渴望去做某事时，当你的理想和自我意识发出无声的呐喊时，实际上这是一种标志，意味着你完全有能力做某件事，并且必须是立即着手去做它。这就是一种欲试强项的状态！

把一件事做好的最佳时机，就是当你精神饱满、斗志昂扬的时候。而每一次拖延和迟缓都会磨蚀人的决心，削弱我们的意志。当你激情勃发、满怀热情和干劲时，任何事都将变得轻而易举；相反，如果一次又一次地拖延自己的行动，你将发现自己越来越不情愿付出必要的努力或牺牲来达到目标，因为这一目标现在看起来并不像当初那样具有吸引力了。

活力带来动力，增加了人的气场，而这是取胜的关键。不要让你的热情冷却，不要让理想的火焰熄灭。下定决心告诉自己，你不愿也不能在浑浑噩噩中虚度此生，不愿也不能屈服于生活的不理想状态。振奋精神，朝着值得为之奋斗的目标大踏步前进吧！

西点启示录

活力是一种正能量，这种理想状态会对每个人发生潜移默化的影响，并将最终使得每一个人成为他应该成为的那种样子。西点学员可能在知识技能上有差异，但是在充满活力这一点上，大家都是一致的。积极面对一切，保持活力四射的状态，毫无疑问，这是你生来就有的权利。

7.“宽容”尽显男儿风度

西点军校是一个被称为“野兽营”的地方，在这里可以经常看到打石膏、缠绷带的学员。并且，西点严格的训练和冷峻的教练，一遍又一遍地告诉世人，这里绝不收留任何意志薄弱者。但是，在西点独一无二的严苛背后，我们同样可以看到温情的一面，比如“责任、荣誉、国家”是多么让人热血沸腾，比如宽容教育多么让人感同身受。

除了严格的课程训练，西点人也重视对学员宽容心的培养。校如其国，宽容、博大，永远对其它民族优秀的东西抱以尊敬，并如饥似渴地学习，这就是西点充满魅力的地方。

西点要求学员必须熟悉校方关于责任的规定，不管文字或口头的，都要认真对待。同时，对社会道德和伦理方面也要负起责任，至少要把扰乱秩序和破坏纪律的过错报告给上级。从西点大量的有关学员犯错误的记载和处理的情况看，违纪人很少掩饰自己的过失。

在严苛的制度背后，也有宽容的理念，这促使西点学员作出正确的选择和判断。通常，如果是一般的小错误，记不了多少分，而且每个学员都有允许犯错的宽容值，并可通过优异的成绩得到奖励分。这样一来，不但学员有了改过自新的机会，也从中体验到了宽容的价值。

宽容谦虚的风度，在个人成长过程中是非常重要的。一个人应该对自己严格要求，对别人坚持宽容。这样一来，才会获得融洽的关系，尽显男儿风度。有些东西要放下，比如对别人的伤害，你无法释怀，只能说明你被憎恨牵引，让过去事情压着现在的你喘不过气来。用宽容心去包容，无论对自己，还是对他人，都是最好的选择。

毋庸置疑，以恨对恨，恨永远存在；以爱对恨，恨自然消失。即使是一个心胸非常宽广的人，也往往难以容忍别人对自己的恶意诽谤和伤害。但唯有以德报怨，把伤害留给自己，埋在心底，以大度宽广的胸襟去包容一切，才能让当下安心，才能赢来一个充满温馨的世界和明天。

男孩要有铮铮铁骨，同时也要有柔性策略，在与人交往中学会宽容，懂得包容。如此一来，才能赢得整个世界。“懂得宽容、包容的人，实质上已经领悟了生命的真谛。”包容是健全人格的重要组成部分，学会包容别人，就懂得了如何与人相处。

有一位名叫卡尔的商人和竞争对手陷入了对峙的状态，令他恼火的是，对方竟然在他的经销区域内与建筑师和承包商往来密切。此外，他还得知，这个竞争对手还说卡尔的公司没有信誉，已经陷入了经营困难的境地。

星期天早上，卡尔听牧师讲道，“要施恩给那些故意跟你为难的人”。卡尔面对牧师的话犹豫不决，因为那个竞争对手已经使他失去了一份大订单；以德报怨、化敌为友的策略真的能够解决问题吗，卡尔越来越矛盾。

那天下午，卡尔发现住在华盛顿的一位顾客需要一大批建筑材料，自己的公司没有这种产品，但是那个惹事的竞争对手却恰好出售这种产品。卡尔意识到竞争对手完全不知道这笔生意，应该遵从牧师的忠告、把这项生意告诉对手呢，还是让他永远也得不到这笔生意？

经过一番痛苦的内心挣扎后，卡尔拨通了竞争对手办公室的电话。对方听完讲话后，尴尬得说不出一句话来，对卡尔表示了莫名的感激。从此，这个对手成为卡尔生意场上的好朋友，并有了多次合作的机会。

自古以来，凡是妒贤嫉能的人大多心胸狭窄；而把主要精力放在对他人的攻击和诋毁上，不但破坏了双方合作的基础，还对自我能力的培养造成了很大伤害。“团队精神”已经成为西点军校追求的目标之一，也是个人获得成功的关键。年轻人拥有一颗包容心，善于与他人合作，会有更大的发展机会。

著名诗人纪伯伦曾说过：“一个伟大的人有两颗心，一颗心流血，一颗心宽容。”宽容是一种美好的情感，一种崇高的境界，是人性绽放的最美丽的花朵。宽容更是一种人生态度，一种良好的道德品质，是摆脱许多生活困扰的良方。在西点领导课上，教官反复告诫学员，多一些人情味，多一分慈悲，多一些柔软语，多一点关爱的眼神，才会有更多追随者。

西点启示录

在西点历史上，尚未发现哪个学员没有一点过失，像麦克阿瑟那样被认为接近“完美无缺”的学员，也有过失记录，只是不太严重。是宽容给予了每个人机会，让他们在自省中成长，在改进中进步。由此，西点军校才成为栽培过无数叱咤风云、享誉世界的领导人才的一流军事院校。

8．良好的礼仪带来谦虚的风度

在西点军校，学员在回答问题时往往会加上“长官”这一称呼。这种习惯不是天生的，而是新兵训练营在最初12个星期内反复练习养成的。也就是说，学校要求每个人对上级军官所说的每一句话之前必须加上“长官”这两个字。

看到身着军服的男女陆战队队员表现出的礼貌，许多人感到惊讶，也被感染了。人们不仅惊诧于这支队伍的谦逊有礼，更从中体会到了被尊重。从这个角度来看，西点学员礼貌待人的风度征服了一大批人。

西点的新兵训练营不是一所礼仪学校，但是毕业的新兵经常让3个月未见的父母和朋友都不敢认他们。那个从前爱说俏皮活、爱高谈阔论的年轻人，自从加入西点之后，与父母亲的谈话方式连他自己都觉得诧异。张口就是“先生、女士”。当他人起身时，他也知道起身了，他的语言也得到了净化。

西点队员的礼貌不是矫揉造作，它是一种习惯，但这种习惯来源于谦逊和自尊，以及一种发自内心的为他人服务的愿望。谦逊是在接受教官训练时养成的习惯，自尊则是稍后建立起来的，而为他人服务的愿望则源自当他做好事时，教官脸上难得一见的笑容。在西点军校，谦逊有礼被视为值得学习、嘉奖的行为。

在人际交际中，一个人的相貌、服饰会给人留下深刻的印象。但是，最让人过目不忘的是对方的言行、举止。换句话说，人不仅要有个好的体形，更重要的是，要有个优美的姿态，行为举止要表现出应有的素养，让人亲近、认同。

风景秀丽的纽约大街上，写字楼鳞次栉比。某照明器材公司的业务员汤姆按原计划赴约，他手拿新设计的照明器材样品，兴冲冲地登上六楼，脸上的汗珠未及擦一下，便直接走进了业务部主管的办公室，正在处理事务的负责人被吓了一跳。

“对不起，这是我们企业设计的新产品，请您过目。”汤姆说。对方停下手中的工作，接过汤姆递过的照明器，随口赞道：“好漂亮呀！”他请汤姆坐下，并递过来一杯茶，然后拿起照明器仔细研究起来。

汤姆看到张经理对新产品如此感兴趣，如释重负，便往沙发上一靠，跷起二郎腿，一边吸烟一边悠闲地环视着办公室。当对方询问电源开关为什么装在这个位置时，汤姆习惯性地用手搔了搔头，这是他的习惯。

虽然汤姆作了较详尽的解释，但是这位负责人还是有点半信半疑。谈到价格时，对方强调：“这个价格比我们预算的高出较多，能否再降低一些？”

汤姆回答：“这是最低价格，一分也不能再降了。”对方沉默了半天没有开口，汤姆却有点沉不住气。不由自主地拉松领带，眼睛盯着对方。最后，这位负责人又问：“这种照明器的性能先进在什么地方？”

汤姆又搔了搔头皮，反反复复地说：“造型新，寿命长，节电。”接着，负责人托辞离开了办公室，只剩下汤姆一人。等了一会儿，汤姆感到无聊，便非常随便地抄起办公桌上的电话，同一个朋友闲谈起来。这时，门被推开，进来的却不是那位负责人，而是办公室秘书。

不用说，汤姆的交易泡汤了。而他失败的原因，就是在客户面前失去了礼仪，做事肆无忌惮，根本不照顾对方的感受。这种傲慢、无知的做法会招致讨厌，生意自然谈不成了。

在任何时候，任何场合，面对任何人，都要保持礼貌，都要表现出一副温文尔雅的姿态。不要以职位、气势压人，更不可摆架子。用良好的礼仪建立你与他人的关系，获得对方的认同，而不是靠粗俗无礼让人生厌。

行为举止，是一个人精神面貌的体现，是一个人自身素养在生活和行为方面的反映，也是映现一个人涵养的一面镜子。同时，言谈举止成为影响办事效果的一个重要因素。良好而优雅的行为举止是文明礼仪的要求，体现了内在涵养的尊贵，更是对他人的尊重和吸引力。

西点启示录

爱默生说："美好的行为比美好的外表更有力量。美好的行为，比形象和外貌更能带给人快乐。这是一种精美的人生艺术。"对所有的人都以礼相待，尊重每一个人，这样的人才能受欢迎。

9. 感谢对你"围追堵截"的人

军人注定要面对敌人，双方是生死之战，没有退路可讲。但是在西点军校，仅仅把敌人看做对手还远远不够。每个学员不但要想办法击败敌人，还要对敌人有一颗感恩的心。这是怎么回事呢？

从辩证的角度来看，没有敌人的存在，那么"我"也就失去了意义。可以说，双方是对立存在的。对待敌人，必须了解它、研究它，最后才可能战胜它。

从另一个角度来看，所谓的敌人也包括无所不在的竞争对手，包括你的客户、同事、上司，等等。对待这些人，完全采取敌对态度并不妥，因为双方的关系是在合作中斗争，在斗争中合作。所以，拥有感恩的心态就很有必要了。

拳王阿里一度称霸拳坛多年，在他的回忆文章中，记载了许多感人至深的故事。有一次，几位曾经被他击败的年轻选手，赛后找到阿里，请教如何出好勾拳。在常人看来，把技术告诉竞争对手，这是不可能的事情。但是，阿里退掉了已经订好的飞机票，手把手地教给了对手。更令人惊奇的是，他还把如何才能打败自己的拳法教给了对手。

对此，许多人感到不理解。事后，阿里在回答记者的提向时说：“谁若能战胜我，那就说明拳击事业已经发展了。这是我终身不变的追求——发展拳击事业。”阿里无疑获得了人们的赞美，在这些赞美之中，最珍贵的就是他的对手所给予的。

在西方这个竞争的社会，人们面对竞争者，不仅不嫉妒和报复对手，而且会直接问对手：“我很想赶上和超过你，和你一样有成就，请你告诉我成功的秘诀。”因为他们相信，竞争是激活社会肌体的活跃细胞，它可以带来进步的活力，使胜利者继续前进，失败者急起直追，对强者是鼓励，对弱者是鞭策，其结果是大家获得共同的发展。

生活中的竞争无处不在。许多人习惯把竞争对手视为敌人，企盼“将敌人一扫而光”，这是一种不健康的心理。事实上，竞争对手是我们人生路上最好的伙伴。因为，少了竞争，就没有成功。不竞争、国家不会富强；不竞争，企业不会成长；不竞争，个人不可能进步。

可以说，竞争对手是我们的导师，它教会你做人、做事、做生意的决窍。当竞争对手处心积虑地思考如何战胜你时，你不同样也在处心积虑地想办法如何战胜他们。这样一来，你便知道自己该如何去做，如何去争，借助智慧和实力进步、前进。

韩国“现代”之父郑周永说：没有人天生愿意接受“围追堵截”，但当这些苦难来临时，你必须要接受。你要知道，如果你能走过来，别人的“围追堵截”就是上天对你的一种恩赐。

谁都不能否认这样一个事实，很多新人正在经历着种种苦难，遭受着种种挫折和打击，这的确是一种不幸。可是，人们也惊奇地发现，无数杰出的人物都是从别人的“围追堵截”中走出来的，正是这种人为的困难成就了他们，这些苦难对于他们来说，是上天的一种恩赐。

所以，对于那些对你“围追堵截”的人，要抱着一种感谢的心态，要主动适用，主动突围，而绝不能报复。

成功人士的竞争哲学是，宁失利益，不失关系。哪怕这个关系仅仅是维持和平共处的关系，因为钱失去再多也能挣回来，而一个关系一旦缺失就很难弥补，这样一个破裂、结怨的关系就如同一把宝剑悬在头顶，其不经意地一击就可能把你所拥有的一切都断送掉。

那么怎样对待那些故意跟你为难的人，包括你的仇人呢？八个字："以德报怨，化敌为友"。以德报怨，并不是说可以任人欺哄，任人宰割，高明的做法是，智谋与道义两全，巧妙地征服对你使手段的人，既让他们对你心悦诚服，又保证自己的利益不受损害。

以德报怨，化敌为友是避免别人伤害所能采用的上策。这样，你就很容易把对手变成朋友。因为以恨对恨，恨永远存在；以爱对恨，恨自然消失。

罗斯福说："当众拥抱你的敌人。"因为，竞争对手让你拥有了你以前所没拥有的一切，学到了以前你没有学到的东西。感谢竞争对手的存在，至少可以为你带来以下几点好处：

第一，促使你更深入地了解敌人的不足，学习敌人的长处。爱自己的敌人，才能注意它的每个细节。那种不愿与敌人进行接触的做法，是永远无法做到"知彼"的，而不能"知彼"，当然也无法战胜对方。

第二，使你心平气和，远离愤怒带来的决策失误。一个人在愤恨交加的时刻，很难想出什么奇谋良策。感谢竞争对手，就没有了仇恨，这既有利于身心健康，更有利于想方设法战胜敌人，避免自己乱了阵脚。

第三，让你获得一个得人心的好名声。"得道多助，失道寡助"，如果别人知道你连自己的敌人都"爱"的话，那么，大家都会认为你是一个心胸豁达、宽宏大量的人，愿意在你的领导下成事。

西点启示录

人在社会上生存，面临的最多的是选择。我们必须根据自己所处的环境，加以思考做决定。必须摈弃固执，收敛个性，圆滑、通融地接触来自各个方面的碰撞，其中也包括为你的敌人祈祷！正如达美乐比萨饼连锁集团创始人汤姆·莫纳汉所说："艰难对于我来说，就像用石头铺成的小路，我是沿着它一步步走过来，没有它，我走不到今天。"

礼物 10
细节——把简单的事情做好就是不简单

在西点军校，如果对日常的小事、细节感到乏味、厌倦不已，始终提不起精神，或者因此敷衍应付差事，勉强应对工作，将一切都推到“做大事不拘小节”的借口上，那么将会受到训斥。

细节是平凡的、具体的、零散的，如一句话，一个动作，一件小事，细节很小，很容易被人们所忽视，但它的作用是不可估量的，所以有人说“细节的问题，根本上是素质的问题”，小事成就大事，细节成就完美。

1. 成大事须从细节突破

许多时候，一件看起来微不足道的小事，或者一个毫不起眼的变化，却能改变一场战争的胜负。天下大事必做于细，西点军校要求每一位军官和学员始终保持高度的注意力和责任心，始终具有清醒的头脑和敏锐的判断力，能够对战场上出现的每一个变化、每一件小事迅速作出准确的反应和决断。

士兵每天做的工作就是队列训练、战术操练、巡逻排查、擦拭枪械等小事。西点学员必须认真完成这些小事，在反复训练中养成好的习惯，一步步攀上更高的职位，直至成为军队中的将领。

在西点军校，如果对日常的小事、细节感到乏味、厌倦不已，始终提不起精神，或者因此敷衍应付差事，勉强应对工作，将一切都推到“做大事不拘小节”的借口上，那么将会受到训斥。显然，在小事上都不能胜任，何谈在大事上“大显身手”呢。

男孩大多痴迷于宏远的目标，渴望成就大事，得到众人的瞩目。但是，再伟大的理想都必须从小事做起，要从细节起步。空有大志，却无法按部就班地执行好细节，注定一事无成。

注重细节，就要勤动脑，勤动手，力求把所有的事情秩序化、规范话、流程化，就要比别人化费更大的工夫和精力。人的精力毕竟有限，经手的事情太多，眼前来看，好象面面俱到，未出纰漏，其实是漏了很多好机会，谁也不得而知。所以，做事的时候要时时刻刻保持战战兢兢，如履薄冰的心态，抓大事不忽视小事，放眼全局不忽视细节，这样才能打个漂亮仗。

没有做好“小事”的态度和能力，做好“大事”只会成为“无本之木，无源之水”，根本成不了气候。可以这样说，平时的每一件“小事”其实就是一个房子的地基，如果没有这些材料，想象中美丽的房子，只会是“空中楼阁”，根本无法变为“实物”。

许多年轻人因为事小而不屑去做，对待事情常常不以为然，抱有严重的轻视态度。有一个关于古希腊著名先哲苏格拉底和其名徒柏拉图的故事，说明了做与不做之间的巨大差别，也使善于做“小事”可以成就“大事”这个观点更具说服力。

在课堂上，苏格拉底对学生说：“今天大家只要做一件事就行，你们每个人尽量把胳膊往前甩，然后再往后甩”。说着，他先给大家作了一次示范。接着他又说道：“从今天开始算起，大家每天做300下，大家能做到吗?”

学生们都自得地笑了，心想：这么简单的事，谁会做不到？可是一年过去了，等到苏格拉底再次走上讲台，询问大家的完成情况时，全班大多数人都放弃了，而只有一个学生一直坚持着做了下来。这个人就是后来与其师齐名的古希腊大哲学家——柏拉图。

“这么简单的事，谁会做不到?”这正是许多人的共同心态。但是，世界上所有人与事，最怕“认真”二字。所有学有所长的成功者，虽然一开始，他们与我们都做着同样简单的微不足道的琐事，但是结果却大相径庭。

仔细分析不难发现：能成功者，他们从不认为他们所做的事是简单的小事，他们始终认为，现在所做的“小事”是为今后的“大事”做准备，他们目光所及之处，是十分辽阔的沃野，是浩瀚无边的大海，而常人眼中，现在所从事的工作，只是毫无生机的蓑草和茫茫无目标的沙漠。

20世纪世界上最伟大的建筑师之一的密斯·凡·德罗，在被要求用一句话来描述他成功的原因时，只说了五个字：“魔鬼在细节”。细节是一种长期的准备，从而获得的一种机遇。培养在细节处做事的心计，可以使我们累积成功的经验和智慧，使工作达到预期的目标。

在日常工作中，那些看似繁琐，不足挂齿的事情比比皆是，如果你对工作中的这些小事轻视怠慢，敷衍了事，到最后就会因“一着不慎”而导致“全盘皆输”。所以，在处理小事时，当引起重视。天下大事必做于细，要想把每一件事情做到无懈可击，就必须从小事做起，付出你的热情和努力。

“如果一切归于有序，决定成败的必将是微若沙砾的细节。”“一树一菩提，一沙一世界”，生活的一切原本都是由细节构成的。年轻人要善于在学习、工作中对细节把握到位，这样就能建立起成功的基石。

第一，善于大处着眼，小处着手。做事的时候，不但要善于着眼大局，还要在执行的过程中从小处着手，从而实现完美的行动过程。即便自己的构想再宏大，如果失去了对细节的把握，那么也会遭遇失败。

第二，加深对细节的认识和把握。做任何事情都有自己的细节，而且这种细节是独特的。为此，需要深入细节中获得经验和体会，获得独到的认识，从而从整体上把握大局。

西点启示录

1909 届西点军校毕业生巴顿将军说过：“要想做大事，首先要能够处理小事才行，而且全力以赴。”如果一切归于有序，决定成败的必将是微若沙砾的细节。生活的一切原本都是由细节构成的，大的方向确定之后，只有把握好细微的环节，才能在做人的过程中赢得人心、在做事的过程中顺利达成目标。

2. 关注的是细节，体现的是态度

注重对新学员的细节训练，是西点学校的一大特色。每天，西点学员都要接受服装仪容的检查，包括皮鞋、扣环擦亮，上衣正确扎进裤子或裙子，衬衫衣义和裤缝对直成一条直线……不要小看这些细节，那些从西点军校走出的杰出人士无不是立足于细节，从而取得了非凡的成功。

战场之上，微小的疏忽就会导致惨败。因此，军人必须有着严苛的工作态度，不放过一丝一毫的纰漏。于是，我们看到的是残酷而又公正的西点文化，而西点学员在这种环境里养成了一丝不苟的工作态度。

西点人相信，并不是只有少数人天生具有成功的特质，而是每个学员都具有成为优秀者的潜力。过分追求细节，与其说是达到完美的地步，不如说是在追求一种认真、负责的态度。因为西点人一直相信，能够把小事做好的人，他做别的事也不会差到哪里去。

生活中，男孩大多粗心大意，还被冠之以“不拘小节”。这里面，存在很大疏漏。查尔斯·狄更斯在他的作品《一年到头》中写道：“有人曾经被问到这样一个问题：‘什么是天才?’他回答说：‘天才就是注意细节的人。’”你可以具有战略眼光，但是不能因此轻视细节。

在西点，许多学员的晋升，可能就是那么一两次把小事做好的人。那些对自己的本性毫无认识，永远不屑于做细微之事的人，永远成就不了任何大的功业。

有一家公司引进了德国设备，德国工程师在设备安装调试验收时，发现有一个螺丝歪了，但是它的紧固度没有问题。这时，另一个国家的工程师却认为这没有什么大不了的，所有六角螺丝的紧固度不可能都一丝不差，差不多就行了。

德国工程师却坚持说："不，这完全可以做到。六角螺丝歪了，是因为在拧这个螺丝的时候，没有按规范标准进行操作"。后来调查发现，是另一个国家的安装工人出了问题。按照技术操作标准要求，上这些大螺丝需要两个人共同完成，一个人固定扳手，另一个人拧螺丝。可是，操作人员却是一个人上螺丝，另一个人去休息了。

众所周知，德国人以讲究精确闻名，在墙上钉一幅画也会拿尺子量，以确定钉子的具体位置。这种关注细节的态度与西点精神是一致的，都是成就卓越的基础。

许多年轻人总是放低对自己的要求，成为"差不多先生"。他们每天按时打卡，准时出现在办公室，但是却没有及时完成工作；他们每天早出晚归、忙忙碌碌，却不愿精益求精，把工作做到位。他们只管上班不问贡献，只管接受指令却不顾结果。他们应付差事，把事情做得"差不多"成了他们的行为准则。

平时，面对工作总是将"差不多、过得去、慢慢来"挂在嘴边，在这种意识的作用下，工作自然会出一些漏子，当问题出现后，又总是给自己找借口。这样做的危害在于，不仅工作本身没有做到位，拖累公司的发展，更重要的是自己也没有任何进步，在空耗日子中浪费了时间和年华。

关注细节，目的是培养自己认真、负责的态度。最重要的是，在日常生活中从小事做起，从细节起步，踏踏实实、认认真真干好每一件事。培养认真负责的态度，必须把握好下面几点。

第一，丢掉马虎思想。一个人如果仅仅是勉强完成工作，那么，他做起事来就会马马虎虎，稍遇困难就会打退堂鼓，很难想象这样的人能够始终如一地去把自己的工作做到位。如果你不能使自己的全部身心都投入到工作中去，你就难得到成长和发展的机会，无论做什么工作，都可能会沦为平庸之辈。

第二，重视小事情。事情不分大小，所谓大事小事，只是相对而言。很多时候，小事不一定就真的小，大事不一定就真的大，关键是做事者对它如何认知。那些真正伟大的人物从来都不蔑视日常生活中的各种小事情。即使常人认为很卑贱的事情，他们也都满腔热情地去干。而那些常常对小事嗤之以鼻，不屑一顾的人，大事是很难成功的。

第三，消灭“差不多”心理。生活中，完善自己的责任意识，并不是一个不可实现的梦。有时，我们所缺少的不是技术、设备、流程和理念，而是敬业精神，消灭这种“差不多”心理的决心。只要我们每个人都抱有消灭“差不多”的决心，把事情尽可能地做到尽善尽美，就能很快让自己成长、完善起来。

第四，认真比什么都重要。做大事不拘小节，固然是一种处事态度，但这往往也是一种很危险做法，不拘小节有时会误大事的事例不胜枚举。无论是在工作还是生活中，做事认真仔细，才能把事做得尽善尽美。

西点启示录

西点毕业生、美国在线前首席执行官詹姆斯·金姆斯认为：“大事往往蕴含在小事之中，细节是完美的最好体现方式。”做任何事情，最重要的是态度。对年轻人来说，让自己放下差不多的心态，对自己严格要求，凡事尽心尽力去做，不敷衍、不拖拉，日积月累总有一天能够获得成功。

3. 集中精力做好眼前的事

任何宏大的计划、战略，都必须从现实起步，集中精力做好眼前的事情。在西点军校，教官告诫学员要专注于眼前的事情，这是推动目标实现的基础。对此，路易·乔卡说：“关键在于学习克服内在或外在的噪音与干扰。”

一位西点学员投身商界后，取得了很大成就。于是，有记者问他：“是什么让你取得了今天的成就？”他回答：“不要去攀比，要有自己的长远目标，把眼前的事情做好最重要。只有用自己的学识，把眼前的一件件具体的事情做好，才能聚沙成塔、集腋成裘，成就更大的功业。”

经常听到有人抱怨，抱怨找不到合适的工作，抱怨自己的才华无法施展，抱怨不被领导重视，抱怨得不到发展机会，等等。这时候，我们应该自问一句：“做好眼前的事了吗？”如果没有，就要立刻冷静思考，尝试着改变自己。

男孩要始终懂得一点，任何大事、实事都是从眼前事开始的。做大事难，做眼前事也难，把眼前事做好更难。正是有了踏踏实实做眼前事的品质，当人们纷纷转向更好的职位、更赚钱的职业时，你才能在自己的领域内专心修炼内功，从而在某个时刻一鸣惊人，成为该领域内的专家。

好高骛远，是人的通病。如果不克服这个短板，就无法迈出坚实的一步，也无法在成长的道路上阔步向前。人们无法集中精力做好眼前的事情，其实是缺乏专注的精神。在学习上、在工作中专注地做事，个人才能获得成长的机会。

人们习惯对明天充满更多期待，想象未来美好的日子。不过，如果不能从当下体验到生活的乐趣，无法投入应有的热情，必然在虚度光阴中感觉到生活的乏味，增加许多不必要的焦虑和压力。只有集中精力做好眼前的事，才会更有作为。

杰森是一个从事推销业务的新人，每天忙忙碌碌，很辛苦。这还不算什么，他最担心的是业绩不佳，那会有被辞退的危险。

有一次，他和培训师探讨如何寻找工作的意义，怎样实现苦中作乐。培训师没有直接回答，而是反问道："人生有生存、生活、生命三个层次，你觉得自己活在哪个层次比较多?"

他想了想，有点忧郁地说："在家里，我就是吃饭、睡觉、看电视，好像多半处于'生存'的层次；和同事能多聊一会儿，应该'生活'层次多一点；'生命'层次是什么？我不太懂。"

培训师又问："当孩子从外回家，通常你会怎么做?"杰森淡淡地说："我会说：'回来了。'或者看他一眼，然后继续看电视，做自己的事情。"

听到这里，培训师给出了答案："你现在已经没有心情顾及亲情、生活乐趣这些东西了，养家糊口成了你生活的全部内容。虽然跟家人在一起，却不能分享时光的快乐，少了生活的情趣，对生命的领悟也没有，却为明天如何做好推销发愁，这就是你感觉不到快乐的原因。"

"噢!"他恍然大悟，"明白了，我只停留在'生存'层次的'赚钱'目的上，并且总是为明天担忧，结果不能专心做好眼前的事，所以感觉很累。"

培训师点点头："是啊，你顾虑太多，患得患失，所以与客户交往时，不能全身心投入，交谈起来就会感觉很困难，压力也就自然地产生了！还有，回到家里，本来可以彻底放松一下，但是你也为明天的工作担忧，反而忽略了与家人分享生活快乐的时间，因此感觉越来越累。"

后来，杰森上班的时候专心做事，每天都让自己进步一点点，压力反而小了；下班后，节假日，他和家人在一起用餐、谈心，感受到的是人生的乐趣。

任何时候，专注赢得胜利，集中于眼前的事情，把简单的事情做到位就是不简单。着眼于当下，我们应注意做好一下几件事情：

第一，做好眼前事，首先不能有攀比的心态。在年轻人中间，攀比的现象并不鲜见。诸如，没出国的跟出了国的比，薪水低的跟薪水高的比。结果，越比越不平衡，越比越不服气，进而把自己的目标定得高了又高，直到超出了自己的实际能力，最后无心做好眼前的事情。

第二，把眼前的所有事都作为大事。有些人不屑于做眼前事，总以为眼前事是小事，是琐碎的事，是无所谓的事。总感觉自己应该是干大事的人，自己该成就一番大事业。实际上，任何一番大事业都是由小事组成的，没有小事的积累便不会有大事的成功。只有默默无闻地积累，才能达到厚积薄发的目的。

第三，始终重视团队的力量。做任何事情都必须依靠团队的力量，单枪匹马的力量是有限的。因此，凡事不能过分地看重自己、高估自己，认为什么事都是自己比别人做得好。在社会协作分工越来越细的今天，少了别人的参与，依靠单打独斗，任何一番大事业都难于成功。

西点启示录

能不能做好眼前的事，反映的是一种能力，更是一种态度。年轻人胸怀远大的理想值得称赞，但不应由此而脱离了实际，把目标和做事都过于理想化。因此，想成就一番功业，必须求真务实、脚踏实地，坚忍不拔地做好当下。

4. 多在细节上花点时间

忽略细节的代价是巨大的，对此，著名的西点学子、美国南北战争时期北方军总司令格兰特将军说：“避免一切小小的失误，就能减少巨大的意外挫折。”

西点人不仅具备大的格局观，也重视在细节上花费时间，取得满意的结果。在历届西点军校的课堂里，都会讲到这样一个案例：

英国国王理查德三世准备拼死一战了。里奇蒙德伯爵亨利带领的军队正迎面扑来，这场战斗将决定由谁来统治英国。战斗进行的当天早上，理查德派了一个马夫去备好自己最喜欢的战马。

“快点给它钉掌，”马夫对铁匠说，“国王希望骑着它打头阵。”

“请你等等，”铁匠回答，“我前几天给国王全军的马都钉了掌，现在我得找点儿铁片来。”

“快点，我等不及了。”马夫不耐烦地叫道，“国王的敌人正在推进，我们必须在战场上迎击敌兵，有什么你就用什么吧。”

于是，铁匠从一根铁条上弄下四个马掌，把它们砸平、整形，固定在马蹄上，然后开始钉钉子。钉了三个掌后，他发现没有钉子来钉第四个掌了。

“我需要一两个钉子，”他说，“得需要点儿时间砸出两个。”

“太慢了，我告诉过你我等不及了，”马夫急切地说，“我听见军号了，你能不能凑合？”

“老实说，我能把马掌钉上，但是不能像其它几个那么牢实。”

“我问你，能不能挂住？”马夫问。

"应该能，"铁匠回答，"但我没把握。"

"这就好，马上干，"马夫叫道，"快点，要不然国王会怪罪到咱们俩头上的。"

后来，两军交锋，理查德国王冲锋陷阵。"冲啊，冲啊！"他喊着，率领部队冲向敌阵。远远地，他看见战场另一头几个士兵退却了。

理查德策马扬鞭冲向那个缺口，召唤士兵调头战斗。但是，还没走到一半，一只马掌掉了，战马跌翻在地，理查德也被掀在地上。他环顾四周，只见士兵纷纷转身撤退，敌人的军队包围了上来。结果，因为一匹马，整个国家就灭亡了。

从那时起，这个世界上就流传着一句话：少了一个铁钉，丢了一只马掌；少了一只马掌，丢了一匹战马；少了一匹战马，败了一场战役；败了一场战役，失了一个国家；所有的损失都是因为少了一个马掌钉。

这个著名的传奇故事出自英国国王理查德三世逊位的史实，1485年他在波斯战役中被击败。莎士比亚有名句："马，马，一马失社稷！"说的也是这一令人遗憾的战役。西点军校引用这个故事，目的就是为了告诫学员不要忽视任何一个细节，必须在细节上多花点时间，把事情做到位。

培养注重细节的好习惯，提高善抓细节的能力，才能把个人潜在的智慧和力量更有效地发挥出来，才能少走弯路，少出纰漏，在通往事业成功的道路上稳操胜券。许多时候，成功的大人物都会花很多时间在细节上，由此实现完美的结果。

随着经济的发展，专业化程度越来越高，社会分工越来越细，也要求人们做事认真、精细，否则会影响整个社会体系的正常运转。如，一台拖拉机，有五六千个零部件，要几十个工厂进行生产协作；一辆上海牌小汽车，有上万个零件，需上百家企业生产协作；一架"波音747"飞机，共有450万个零部件，涉及的企业单位更多。而美国的，“阿波罗”飞船，则要二万多个协作单位生产完成。在这由成百上千、乃至上万、数百万的零部件所组成的机器中，每一个部件容不得哪怕是1%的差错。否则的话，生产出来的产品不单是残次品、废品的问题，甚至会危害人的生命。如我国前些年澳星发射失败就是细节问题：在配电器上多了一块0.15毫米的铝物质，正是这一点点铝物质导致澳星爆炸。正所谓“失之毫厘，谬以千里”。所以，要想保证一个由无数个零件所组成的机器的正常运转，就必须通过制定和贯彻执行各类技术标准和管理标准，从技术和组织管理上把各方面的细节有机地联系协调起来，形成一个统一的系统，才能保证其生产和工作有条不紊地进行。在这一过程中，每一个庞大的系统是由无数个细节结合起来的统一体，忽视任何一个细节，都会带来想象不到的灾难。

美国质量管理专家菲利普·克劳斯比曾说：“一个由数以百万计的个人行动所构成的公司（想想看，每个人每天要执行多少不同的行动）经不起其中1%或2%的行动偏离正轨。”

而且，注重细节、把小事做细是一个比较难的事。丰田汽车社长认为其公司最为艰巨的工作不是汽车的研发和技术创新，而是生产流程中一根绳索的摆放，要不高不矮、不粗不细、不偏不歪，而且要确保每位技术工人在操作这根绳索时都要无任何偏差。

细节决定成败。在细节上花更多时间和劳动，其实是追求完美的结果，实现卓越的目标。你也许还记得达·芬奇画蛋的故事吧，为了把一个蛋画好，达·芬奇成百上千次地不停画圆圈。任何事情都是这样，把细节做好，最好的办法就是对小事进行训练，形成习惯。

男孩子喜欢体育比赛，不妨留意这样一点，有些人之所以取得冠军，就在于那么微小的一个动作，而这个动作却是运动员长期训练的结果。可以说，对细节的注重与否，决定了人生的成败。

西点启示录

西点军校的伟大之处，可以从细节谈起。它培养注重细节的人，在日常工作中学会正确分析、研究问题。正是由于主观上重视细节，他们才在做事上实现了认真负责，在结果上追求完美，由此成就了非凡。

5. 在细节中发现真知

西点军校的纪律严明是出了名的，尤其对一些细节更是加倍重视。在列队集合的时候，有没有系好皮带，衣叉和裤缝有没有对直成一条线……都是日后用来考核一个学员是否合格的标准。

在西点人看来，一个合格的学员，一定是能在细节上下功夫的。同样，一个有责任心的人肯定是注意细节的。如果忽视细节，进而无法从中获得有价值的信息，甚至错过了精准判断的机会，那么这样的人难以担当重任。

有一次，一位公司老板出差，便安排员工去买车票。这看似很简单的一件事，却可以反映出当事人的工作态度及其工作能力，也可以大概推测出今后工作的前途。

有这样两位秘书，一位把车票买来，就一大把地交上去。对于这种做法，老板自然很挠头。

另一位秘书把车票装进一个大信封，并且，在信封上写明列车车次、号位及起程、到达时刻。这个秘书是一位细心的人，虽然她只是注意了几个细节处，只在信封上写上几个字，却帮助别人减少了不少麻烦。

显然，西点军校培养的是后面这种人，能够把事情做到极致，克服细节中的纰漏，达到令人满意的结果。由此可见，要想工作不流于一般，应学会在细节处下功夫。

美国早期的富豪，多半靠机遇成功，唯有约翰·洛克菲勒例外。他并非多才多艺，但异常冷静、精明，富有远见，且是一位积极解决问题的人。

早年的洛克菲勒曾在石油开采工地上打工，他的工作非常枯燥，每天面对着无数的石油罐、焊接剂，每天要看无数遍罐子从传送带送到旋转台，再到焊接剂底下转完一圈，每天重复巡视石油罐焊接情况的工作。

他当时觉得非常苦恼，觉得这份工作毫无意义，简直就是阻碍自己人生的大问题。于是，难以面对的洛克菲勒就去找主管要求：给我换份工作。但是洛克菲勒却遭到了主管严厉的批评。

洛克菲勒羞愧难当，但是他还是能够体谅主管：主管管理的员工那么多，怎么可能答应每个员工的任何要求。所以，他没有继续抱怨，而是悟出了这样的道理：自己的问题自己解决，必须努力在工作中发现规律，找到有价值的东西。

于是，他开始积极面对自己的工作，不断地发现工作中的细节问题，并不断地解决问题。由此，洛克菲勒不仅解决了一系列的难题，而且还用心发明了能够为公司带来巨额利润的产品。凭借用心做事的劲头，洛克菲勒最后成功了，在自己的行业内挖掘到了金矿。

男孩要牢记一点，魔鬼存在于细节。工作上的细节不容忽视，并且这里潜藏着各种有价值的信息、情报。最重要的是，你必须善于发现，进而对整个形势作出正确判断。这种努力和付出虽然在当时无法引起人的注意，但久而久之，这种工作态度形成习惯后，一定会给你带来巨大的收益。

这种细心的工作态度，是由于对一件工作重视的态度而产生的，对再细小的事也不掉以轻心，专注地去做才会产生。要知道，能够成为大人物的人，即使要他去收发室做整理信件的工作，他的做法也会跟别人有所不同。这种注重细微环节的态度，就是使自己的前途得以发展的保证。

一部名为《细节》的小说，其题记为：“大事留给上帝去抓吧，我们只能注意细节。”作者还借小说主人公的话做了脚注：“这世界上所有伟大的壮举都不如生活在一个真实的细节里来得有意义。”

细节，就是小节，它不仅具有艺术的真实，而且更具有生活的真实。也许是生活的真实造就了艺术的真实。做事的智慧，在很大程度上需要从细节之处去把握，去发现。那些不愿做平凡小事的人，注定做不出大事，一生都在碌碌无为中空耗时光。

西点启示录

西点前校长潘莫将军说：“细微末节最伤脑筋。”因为它潜藏了太多信息，需要有心人去研究、发现、判断。忽视细节，不需要耗费太多精力，但是同时你也就失去了有价值的情报。因此，在细节上下功夫，确实需要真功夫。

6. 认真做好每一件“小事”

士兵必须作战，带兵的军官则必须确保士兵的性命不会白白牺牲。布莱德雷将军曾说：“二次大战期间，我们抵达莱茵河的时候，我并不见得知道怎么建造桥梁，但是我知道相关的事情有哪些，我让筑桥的工兵能有足够的时间和补给，这一点是非常有帮助的。”能够对工作了如指掌，那么管理的责任愈大，对自己的帮助也就愈大。

西点深信细节的力量，要求学员养成把小事做到位的习惯。他们一再强调，必须熟知每一个细节，从背诵一些小诗句，到 M16 的构造和使用。

对此，西点前校长潘莫将军也说过："细微末节最伤脑筋。"他的意思是说，即使是最聪明的人设计出来的最伟大的计划，执行的时候还是必须从小处着手，整个计划的成败就取决于这些细节。

追求完美并不困难，就像擦鞋一样易如反掌。只要你学会了把鞋擦亮，对于更重大的事情，同样可以做到尽善尽美，而不是决定于别人。西点努力训练学员养成追求完美的习惯，使其变成像呼吸一样的本能反应。

有一次，一位西点军官对学员说："把每一件简单的事做好就是不简单，把每一件平凡的事做好就是不平凡!"这句话显示了西点注重小事的精神，在平凡之处见证这这所西方名校的伟大。

只要坚持做好每一件小事，一样能够创造出伟大的业绩。小处见大，一个小事不愿干、干不好的人，永远成就不了大事。年轻人既要胸怀远大的理想，又要认真地干好每一件小事。善于从一点一滴做起，从工作中的小事做起，处处发挥模范带头作用，真正做到"平时能看得出来，关键时能站出来"。

纵观那些著名的战争都是由具体的战役组成的，有时候甚至是一次小的战斗决定了战争的走向和成败。因此，西点人深刻明确一点，战场上无小事，工作中也无小事。只要接受了任务，就自始至终做好，执行到位。这是取得成功的关键。

欧洲战神拿破仑之所以在战场上所向披靡，击败了一个个竞争对手，与他不分事情大小追求精确和完美的个性密不可分。

1805 年，拿破仑作出了军队从英吉利海峡东岸挥师多瑙河的命令。在整个行军、布阵的过程中，拿破仑逐一过问了各个环节的执行细节，甚至超出了一般军官的管理范畴。这种做法给全军带来了巨大压力，大家在统帅的感染下不敢有丝毫的懈怠，从行军路线、出发时刻到时间控制，拿破仑和士兵们做出了精细的安排、实现了有效的执行。

这种对每个作战细节都通盘考虑的做法，保证了军队完全按照预期的计划出色执行，从而使军队在向多瑙河进攻的战役中获得了巨大成功。而这次行军结束后就是著名的奥斯特里茨大捷，它使拿破仑军队神兵天降，整个战役的胜利则改写了当时欧洲十几年的政治格局。

西点人相信，一个不注重细节的人，在战场上是不可能有冷静的头脑及过人的分析的，粗心大意和鲁莽行事是军人的大忌。所以，西点严格要求每一个学员将自己身边的每一件小事都要做好。

对男孩来说，某段时间内有很多大事要做，但具体落实到每一个月，每一个星期，每一天，就是一件件小事。最重要的是，千万不能忽略这些小事，一件小事的失误，可能直接影响到你的发展与成败。

希尔顿饭店的创始人、世界旅馆业之父希尔顿就是一个注重“小事”的人。希尔顿要求他的员工：“大家牢记，万万不可把我们心里的愁云摆在脸上！无论饭店本身遭到何等的困难，希尔顿服务员脸上的微笑永远是顾客的阳光。”正是这小小的永远的微笑，让希尔顿饭店的身影遍布世界各地。

有一次，戴尔公司的麦迪需要处理一个关于会议通知的电话记录，在回复通报参会人员时，却不知对方的电话；在转接一些咨询电话时，有时却将业务室的电话张冠李戴。这些小事说明麦迪的工作还没用心，业务还欠熟练，需要学的东西还很多。

由此可见，要做好每一件小事，还要经常磨砺自己，提高业务素质，培养良好的工作作风，做个老实的人、负责的人、乐于奉献的人。“千里之堤，溃于蚁穴”，工作中的事情不分大小，都要尽心尽力地做好，才能获得圆满的成功。

西点人认为，将任何有意义的事情做好，是你成功的预演。因为你比别人多付出，你在实际工作中也比别人想的更周到，这样的人才会在未来的日子里有更大的成就。

成就决非朝夕之功，凡事必须从小做起，只要有意义，就要抛弃所有的借口，认真执行到位。记住：你不会一步登天，但你可以逐渐达到目标，一步又一步，一天又一天。别以为自己的步伐太小，无足轻重，重要的是每一步都踏得稳。

总结成功者的经验可以发现，做事尽力完美、正确是获得成功的重要品质。工作中取得越大的业绩，越需要我们付出更多的努力和艰辛。这种做事的复杂程度超过以往的种种情形，需要我们通盘考虑、审慎对待，才能做到万无一失。因此，不要因为一些事情琐碎就不屑一顾，不仔细对待和处理，把小事做好，也是不简单的。

西点启示录

西点军校 1971 年毕业生托马斯·梅茨中将说："能不能做成一件事，关键是看你认真了没有。"认真做好每一件"小事"，你将获得整个世界，所有的成功与荣誉都会随之而来。

7. 每一件事都要全力以赴

在西点，杰克·齐尔斯曼中校认为：学员使自己的能力得到提升的最好办法是，无论大事小事，都去做。这不但可以表现学员勤奋的品德，还可以培养学员的综合能力，增强学员的生存能力。

每一件事都值得我们去做，而且应该用心地去做。因为许多不平凡的业绩都是从平凡的劳动中干出来的。这种做事的态度，恰恰是西点人创造奇迹的精神法宝。

世界上许多伟大的成功人士都是一些资质平平的人，通常他们没有才智超群、多才多艺的背景。之所以会出现这种状况，是因为他们懂得在行动中全力以赴做事，在细节中把握成功，因此获得了比他人更大的胜利，取得了远远超过他们实际能力的成就。

经验表明，用心做事、全力以赴和三心二意存在着天壤之别的效果，在有限的人生岁月中专注把事情做好，可以使我们在短时间内获得对事物深刻、准确的认识，而不是浪费宝贵的机会和时光。西点人充分认识到了这一点，并养成了全力以赴做事的习惯，由此显示出与众不同的伟大之处。

约翰·伍顿是美国加利福尼亚大学洛杉矶分校篮球队主教练，他在篮球领域取得了令世人瞩目成就。尽管约翰·伍顿也有自己的远大理想和行动目标，但是他从来不对人夸耀自己的前景多么光明和诱人，而是热衷于在实践中全力以赴把事情做好，带领自己的团队走向卓越。

在篮球比赛中，整个团队只有一个目标，那就是战胜对方。为此，约翰·伍顿教练专注于在竞争中发挥大家的潜能，并在实际比赛中深刻贯彻这一理念，从而使大家团结一致获得巨大的成功。

不同于其它教练只是在比赛场上指挥，利用闲暇时间思考，伍顿总是把笔记带在身边，记录自己观看比赛的心得、球队目标以及如何有效带领团队成功等内容。特别值得一提的是，他非常善于把这些内容运用到篮球运动中，从而赢得成功。

天赋、运气、机会、智慧都是个人成功的关键因素，但是态度也是极其重要的。西点军校中，精英分子的确数不胜数，但是大多数人都相差无几，他们能在各自领域内有所建树，靠的是全力以赴做事的精神。

在我们身边，也有这种情况出现。一些智力并不出色的人，在参加工作后取得了比他人更大的成就，那些在学校里排名末尾的人往往有惊人之举。全力以赴做事才是解答这一切的密码，也是真正聪明的做事方法。

卢浮宫收藏着莫奈的一幅画，描绘的是女修道院厨房里的情景。画面上正在工作的不是普通的人，而是天使。一个正在架水壶烧水，一个正优雅地提起水桶，另外一个穿着厨衣，伸手去拿盘子——即使日常生活中最平凡的事，也值得天使们全神贯注地去做。

由此可见，行为本身并不能说明自身的性质，而是取决于我们行动时的精神状态。工作是否单调乏味，往往取决于我们做它时的心境。人生目标贯穿于整个生命，你在工作中所持的态度，使你与周围的人区别开来。日出日落、朝朝暮暮，它们或者使你的思想更开阔，或者使其更狭隘，或者使你的工作变得更加高尚，或者变得更加低俗。

一个伐木工人到一家木材厂工作。这里的报酬不错，工作条件也很好，所以他非常珍惜这个机会，决心好好干。

第一天，伐木工人拿着老板给他的利斧，在划定的范围内砍伐林木。这一天，他砍了15棵树。老板看到后称赞说："不错，就这么好好干！"工人受到鼓舞，显得更有劲头了。第二天，伐木工人仍然非常努力工作，但是他只砍了12棵树；第三天，他担心自己昨天偷懒了，更加努力，结果只砍了9棵树。

伐木工人感觉非常惭愧，他跑到老板那里说明了情况。老板询问了各种状况后，就对他说："你上一次磨斧子是什么时候？"工人似有所悟："我整天努力砍树，一直没有磨斧子啊！"就这样，问题的症结终于找到了。伐木工人只把砍伐树木做为大事，却忽略了"磨斧子"这种小事，结果只能使自己的工作效率越来越低。

俗话说：磨刀不误砍柴工。在"磨刀"上敷衍，只能使自己在工作中感觉吃力。所以，做任何事情都不能随意应付，都需要我们做到位，才能获得良好的预期。

在学习中，一些人偷懒，结果延误了个人发展；在工作中，一些人借口环境不好偷懒，结果失去了自我成长的机会。由此可见，“偷懒”恰恰浪费了宝贵的时光和自我提升的机会，看似“聪明”的做法却是愚蠢的行动。

年轻人要谨记，每一件事都值得我们去做。不要小看自己所做的每一件事，即便是最普通的事，也应该全力以赴、尽职尽责地去完成。小任务顺利完成，有利于你对大任务的成功把握。一步一个脚印地向上攀登，便不会轻易跌落。通过工作获得真正的力量的秘诀就蕴藏在其中。

西点启示录

在西点，约翰·拉姆森将军相信：“每一件事都值得我们去做，这个道理对于学员和军官都是一样的。这样，你才可能脱颖而出。”全力以赴需要高度的责任心、敬业精神和严谨求实的态度，它要求你必须付出数倍于别人的努力，并胆大心细，才有可能取得超越他人的成绩。事实上，各种工作是由无数工作细节组成的，每一个工作环节都十分重要。因此，以高标准、高要求规范自己，把每一项细小的工作落到实处，做到完美，才会有效率、效益。

8. 成功来源于每天多做一点

进入西点军校以后，新学员除了要接受魔鬼般的集训外，还得背诵新学员知识，以加强对西点细节的认识。其中，背诵日行事历是一项重要内容。日行事历相当繁复，包括当天日期、值日官姓名、重大活动或电影，以及距离未来的重大活动还有多少天……

通常，报告中一旦出现的错误，将会受到严厉的惩罚。为此，新学员不得不花更多的时间去背诵，有时甚至要牺牲自己那可怜的休息时间。也许有人说，这种做法太严酷了，而且根本没有必要。但是，西点军校就是要让每个人多学一点、多记一点，从而在思维上变得更加敏捷，在态度上变得更加积极。

对年轻人来说，“每天多做一点”可以让你持续进步，从而在竞争中脱颖而出，获得更多发展机会。

对艾伦一生影响深远的一次职务提升，是由一件小事情引起的。那个星期六的下午，一位律师（其办公室与艾伦的同在一层楼）走进来问他，哪儿能找到一位速记员来帮忙——手头有些工作必须当天完成。

这时，艾伦据实回答：公司所有速记员都去观看球赛了，如果晚来五分钟，自己也会走。不过，艾伦表示自己愿意留下来帮助他，因为“球赛随时都可以看，但是工作必须在当天完成。”

做完工作后，律师问艾伦应该付他多少钱。艾伦开玩笑地回答：“哦，既然是你的工作，大约1000美元吧。如果是别人的工作，我是不会收取任何费用的。”律师笑了笑，向艾伦表示谢意。

过了一段时间，艾伦已经把帮忙的事情忘记了。有一天，那位律师找到了艾伦，交给他1000美元，并且邀请艾伦到自己公司工作，薪水比现在高出1000多美元。

事情就是这么简单，艾伦放弃了自己喜欢的球赛，多做了一点事情，最初的动机不过是出于乐于助人的愿望，而不是金钱上的考虑。艾伦并没有责任放弃自己的休息时间去帮助他人，但她那样做了，不仅为自己增加了1000美元的现金收入，而且为自己带来一项比以前更重要、收入更高的职务。

西点著名将领约翰·拉姆森将军说：“每天多做一点的学员将从他的同学中脱颖而出，这个道理对于学员和军官都是一样的。这样，上司才会更加信任你，从而赋予更多的机遇。”身处困境而拼搏能够产生巨大的力量，这是人生永恒不变的法则。如果你能比分内的工作多做一点，不仅能彰显自己勤奋的美德，而且能发展一种超凡的技巧与能力，使自己具有更强大的生存力量。

付出多少，收获多少，这是一个众所周知的因果法则。即使在眼前，你的投入无法立刻得到相应的回报，也不要气馁，应该一如既往地多付出一点，回报可能会在不经意间，以出人意料的方式出现。在同等的时间、精力条件约束下，每天多做一点，是对未来的一种投资，可以让你今天的播种在明天收获丰硕的果实。

还有一点，不管一个人有多么成功，他都得对专业生涯的成长不断投注心力，如果不这么做，工作表现自然无法有所突破，终将陷入日复一日重复的陷阱里头。维系成功的唯一法门在于终生学习、努力付出，在新的方向不断探寻、适应以及成长。

男孩是社会的中坚力量，承担着更大的责任。想在未来有更大的作为，必须在今天有更多的付出。显然，养成“每天多做一点”的好习惯，会帮助你踏踏实实奔向成功。

第一，积累竞争优势。养成“每天多做一点的”的好习惯之后，

与身边那些尚未建立这种习惯的人相比，你已经具有了无可比拟的竞争优势。无论从事什么行业，都可以让你提早品尝到成功的滋味。

第二，训练担当重任的臂膀。如果你希望将自己的右臂锻炼得更强壮，唯一的途径就是利用它来做最艰苦的工作。相反，如果长期不使用你的右臂，让它养尊处优，其结果就是使它变得更虚弱甚至萎缩。每天多做一点，可以让自己承担更多的压力和工作内容，而这是担当重任前的准备工作。

西点启示录

西点军校第一任校长著名政治家和科学家乔纳森·威廉斯认为：“不管你有多么伟大，你依然需要提升自己，如果你停滞在现有的水平上，事实上你是在倒退。”每天多做一点工作也许会占用你的时间，但是，你的行为会使你赢得良好的声誉，并增加他人对你的需要，也会给自己打开更广阔的空间。